RENGONG ZHINENG

人工智能

高中版

任友群 ◎主编

张治　缪宏才 ◎副主编

上海教育出版社
SHANGHAI EDUCATIONAL
PUBLISHING HOUSE

图书在版编目（CIP）数据

人工智能 : 高中版 / 任友群主编. — 上海:上海教育
出版社, 2020.1
ISBN 978-7-5444-9178-5

Ⅰ.①人… Ⅱ.①任… Ⅲ.①人工智能－青少年读物
Ⅳ.①TP18-49

中国版本图书馆CIP数据核字(2020)第002895号

策划编辑 张志筠
责任编辑 黄 伟 孙明达
美术编辑 金一哲
封面设计 王 捷
印装监制 朱国范

人工智能 高中版
任友群 主编

出版发行 上海教育出版社有限公司
官 网 www.seph.com.cn
地 址 上海市永福路123号
邮 编 200031
印 刷 上海中华商务联合印刷有限公司
开 本 787×1092 1/16 印张 14
字 数 280 千字
版 次 2020年1月第1版
印 次 2020年1月第1次印刷
书 号 ISBN 978-7-5444-9178-5/G·7572
定 价 88.00 元

如发现质量问题，读者可向本社调换 电话:021-64377165

人工智能的迅速发展将深刻改变
人类社会生活、改变世界。

——摘自《新一代人工智能发展规划》

扫码,登录线上课程平台

致人工智能时代的青少年朋友

（代序）

　　1956 年在美国，一群科学家提出了人工智能（Artificial Intelligence）概念，即用计算机模拟人的智能行为，如认知、思考和学习等。经过大半个世纪的发展，人工智能已取得了巨大进展。在博弈领域，打败了象棋和围棋的人类世界冠军；在模式识别领域，语音、文字和图像识别已广泛用于智能音箱、行人和车牌识别、机场和银行的安全检查；在知识学习和推理领域，深度神经网络和知识图谱技术正在辅助医学读图、临床诊断和金融借贷风险防范；在机器人领域，自动生产线、机械手、无人机、无人车正在提高我们经济和社会的运行水平。人工智能在全球范围内蓬勃发展，正在深刻地改变着人们的生产生活方式，也将深刻改变我们的思维方式，为经济社会的发展开启新的范式。因此，很多有识之士预测，人工智能时代即将到来。

　　2017 年 7 月，我国政府发布了《新一代人工智能发展规划》，指出了人工智能正走向新一代。新一代人工智能 (AI 2.0) 的概念除了继续用计算机模拟人的智能行为之外，还包括用更综合的信息系统，如互联网、大数据、云计算等去探索更大更复杂系统的行为，如制造系统、城市系统、交通系统等的智能化运行和发展，这就为人工智能打开了一扇新的大门和一个新的发展空间。人工智能将从各个角度与层次，宏观、中观和微观地去发挥"头雁效应"，去渗透我们的学习、工作与生活，去改变我们的发展方式。

　　中国要在 2030 年成为世界主要人工智能创新中心，大批人工智能人才的培养必不可少。因此，中小学人工智能教育就十分迫切。

　　对各位青少年朋友而言，要想在未来人工智能海洋中畅游，首先需要具备算法思维和解决问题的综合能力。算法思维和编程能力的早期培养应该与语文、数学等基础学科能力的培养一样重要。我国《新一代人工智能发展规划》因此提出"实施全民智能教育项目，在中小学阶段设置人工智能相关课程，逐步推广编程教育"。对于智能时代而言，早期编程教育，有助于中国人工智能优秀人才的批量涌现。

人工智能的学习是一个由浅入深的系统过程。这套人工智能课程系列读本的重要特色在于，它通过对人工智能的感性介绍，引导各位青少年朋友入门并引发想象力；通过对人工智能技术的实验，培养各位的动手设计能力；通过人工智能的创意实践，培养各位解决问题的综合能力和对人工智能的创新体验。这对青少年学习人工智能而言，是一个系统的认知推进过程。

我很高兴，这套人工智能课程系列读本还配有立体化的教学生态系统，以促进青少年朋友能浸润式学习、创造性学习和竞赛性学习。它凝聚了很多科学家、工程师和教育家的心血和智慧。我希望越来越多的中国学生学习人工智能，应用人工智能，并勇探人工智能"无人区"，创造各种人工智能技术、产品、系统，造福全人类。

潘云鹤

2019年7月

（潘云鹤为中国工程院院士，浙江大学教授）

编 者 的 话

亲爱的同学们：

　　很久以前，人类就萌发出一个伟大而又奇妙的想法：发明一种能够像人一样会思考、能感知、懂判断的智能机器。无数科学家从不同的学科领域踏上了追求美梦成真的征程，在坚持不懈的努力下，终于创造出非同凡响的计算机和互联网，进而孵化出更加神奇的人工智能，开启了人类社会发展的新篇章。

　　那么，什么是人工智能（Artificial Intelligence）？专家们有着基本共识，但表述上有所不同。我们认为，人工智能是通过智能机器延伸、增强人类改造自然和治理社会能力的新兴科技。人工智能正在渗透到我们生活的方方面面，潜移默化地影响着人类经济社会。历史地看，人工智能仍处于初级阶段，方兴未艾，呈动态发展的态势。因此，世界主要发达国家都把发展人工智能作为提升国家竞争力、维护国家安全的重大战略来部署，我国也不例外。

　　2017 年 7 月，国务院发布了《新一代人工智能发展规划》，明确提出"加快人工智能创新应用"，"为世界人工智能发展作出更多贡献"。文件要求"实施全民智能教育项目，在中小学阶段设置人工智能相关课程，逐步推广编程教育"，表明国家在战略层面对基础教育阶段的教育提出了面向新时代的新要求，任务明确而艰巨。

　　那么，同学们，你对人工智能感兴趣吗？面对人工智能时代的到来，你准备好了吗？

　　如果你是小学生，根据年龄特点，我认为学习人工智能课程的重点可以放在"初感知"上，弄清什么是人工智能，人工智能的发展会给我们的生活带来哪些影响，人类怎样与机器沟通对话，我们该用什么样的积极心态和行动迎接人工智能时代的到来。在这个阶段，我们要着重学习关于人工智能"是"与"否"的基本价值判断，了解人机交互过程中的相互关系。如果课程提供的案例故事和活动设计让你感悟到信息意识和计算思维的重要性，开始有意识地尝试用计算思维方式去解决生活中不容回避的各式问题，我要说这样的学习是卓有成效的，你应该得到一个大大的赞！

如果你是初中生，那你已经掌握了一定的学习方法。我觉得学习人工智能课程的重点可以放在"初体验"上，可以走近人工智能领域的更深层。通过"试水"，从技术角度了解基本的人工智能原理，从机器会看、会听、会说、会想等多个维度来学习体验人工智能技术的广泛用途。在这个阶段，我们要着重于人工智能基本知识和基本能力的训练。在"动脑"和"动手"紧密结合的课程实践中，养成计算思维的习惯，提高数字化实践能力和增进信息社会责任感。如果你能运用学会的原理和技术编创出简单的人工智能作品，我要祝贺你顺利地通过了初中人工智能课程学习的挑战。

如果你已经是高中生，正处于学力倍增的青春年华，最适合"刨根问底"的探究性学习。我们的人工智能课程采用了项目学习的方法，凸显了"初创新"。你可以通过设计和制作智能小车的项目实践，深入探寻任务背后的各项人工智能技术的秘密，其中算法的运用是关键。毫无疑问，人工智能是一个涉及数学、统计学、概率论、逻辑学等多学科的复杂系统，有的算法技术含量明显超出高中学业水平，但是带着任务的项目学习可以帮助我们一步步逼近求解问题的症结所在，最终拿到解决问题的"金羊毛"。如果你在这个学习过程中创造出独具特色的作品，我将更热切地期待你和你的同伴，为国家、为民族、为人类创造出更多更具创造力的智能产品。

面对日新月异的时代发展，无论是小学生还是中学生，都需要积极地拥抱新科技，掌握一点编程的基本能力，并在实践中形成新的意识和技能；在解决问题的过程中，不断提升计算思维的核心素养。"计算思维"不是计算机的运行模式，而是人的思维模式，是所有人面向数字化时代都会经历的一种思维方式的转变。

人工智能发展迅猛，但也不是一帆风顺，作为一门全新的实验课程，必然充满了不确定性与开放性。希望参与本课程学习的同学和老师，创造性地使用课程资源。当你们创造出更好的经验和案例，欢迎告诉我们，以便我们不断更新迭代课程内容，提高课程质量，让这门新课程成为我们大家共同的作品。

主编：任友群

2019 年 7 月

（任友群为华东师范大学教授，教育部 2017 版高中信息技术课程标准修订组组长）

目录

引言 >>>

提示：在人工智能诞生之初，人们就期待它像人一样具备视听感知、语言理解甚至认知世界的能力。人工智能是什么，它经历了怎样的发展历程，它有哪些流派，它与大数据、超级计算、数学模型有着怎样的关联……在引言部分，我们一起探讨这些重要而基础的话题，为后面的项目化学习作好铺垫。

人工智能离我们很近 / 什么是人工智能 / 人工智能发展的历程
人工智能研究的不同视角 / 人工智能三要素

>>> 人工智能离我们很近

　　3岁大的祺祺想看动画片视频，可是他年龄还小不识字。于是，他请家里的"智能小管家"爱米帮忙。他轻按屏幕上的"启动"键，然后说："我想看动画片。"

　　爱米问道："你是要看动画片视频吗？"

　　"是的。"祺祺答道。

　　一会儿，爱米告诉祺祺："我找到了播放动画片的视频网站。"

　　于是，祺祺在屏幕上显示出的网站中，点了一个自己想看的动画片，津津有味地看起来了。

　　祺祺的妈妈正和朋友在逛街，她看见商场的夏季促销广告就走了进去。只见一位"导购员"迎面走来，把她带到购物台前。根据她输入的需求，大屏幕很快就显示了她身着各式服饰的影像，并根据她的喜好即时更换颜色和款式，直到满意为止。很快，手机上便出现了来自某网站的符合要求的服饰信息，祺祺妈妈用手指轻松地点了点，便完成了购物。

　　过了一会儿，"叮咚"，祺祺妈妈手机的微信提示音响了起来。她打开微信一看："尊敬的女士，您好！您购买的物品正在配货中，感谢您的惠顾！"

该回家了，她对手机里的"智能小管家"说："爱米，请帮我联系祺祺的爸爸！"

"吴哥，你可以来接我了。我现在淮海中路/重庆南路路口的咖啡店里。"

那边，祺祺爸爸小吴拿着手机发来的定位，对着他的无人驾驶小汽车说："大黑，我们走吧，祺祺妈妈在咖啡店等我们呢！"

"好的。"大黑回答道，"已经查找到了最短时间路线，预计时间15分钟，路程3.5千米。"

……

"爱米"

这个故事里的"爱米"，是一个类似"管家"的人工智能系统，在收到人们的语音信息后，就可以通过手机、电脑等设备实现很多基本操作。从技术上看，在前端，爱米的主要功能是实现"人机交互"，将人讲的话转化为文字；而后台则对转化后的文字进行理解，并按照人的意图实现相关操作，最终返回相应结果。爱米展示了手机等设备中的人工智能技术，随着技术的不断发展，这种人工智能产品将越来越普及，更多融入人们的生活，改善人们的生活方式。

这，只是我们现实生活中应用人工智能技术的点滴。也许，今天你拨打的服务热线大多是人工智能机器人接听的。人工智能在生活服务、工业生产、公共安全等领域的应用已经越来越深入，人工智能离我们越来越近！不经意间，我们已经在使用着各种人工智能产品，享受着人工智能带来的各种便利。

▶▶ 什么是人工智能

人工智能（Artificial Intelligence，简称"AI"）自诞生之日起，其定义与内涵就一直存在争议。从字面上看，AI由"人工"和"智能"两词构成，其核心是智能。因此，人工智能首先是智能的一种。但是人工智能是人造的，而非自然形成的智能（如我们人类的智能就是经过长期的进化而形成的一种生物智

3

能）。进一步理解人工智能的关键，在于理解"智能是什么"，这其实是一个难以回答的问题。一个普遍的认识是"智能是利用知识解决问题的能力"。作为"万物之灵长"的人类，其智能很大程度上就体现在人类能够发现知识并利用知识解决各类问题。人工智能的研究与实践的一个重要目标就是回答"智能是什么"这一问题。对这个问题的回答，将成为我们这代人甚至后面几代人共同努力的方向与目标。

如果需要给人工智能下一个定义，可以表述为：人工智能是通过智能机器延伸、增强人类改造自然和治理社会能力的科学与技术。人工智能首先是一门科学，因为我们需要解释智能的本质，需要回答智能能否计算、如何计算等科学问题。人工智能更是一项工程，因为我们需要让机器实现对于人类智能的模拟，从而解决需要人类智能才能解决的问题。因此，人工智能兼有科学与工程的属性。也正是这个原因，决定了人工智能的跨学科和综合特性。人工智能涉及哲学、心理学、数学、语言学、计算机等多个学科。发展人工智能的最终目标不是开发出自主的机器智能，而是希望借助人工智能增强人类认识世界、改造世界的能力。拓展和延伸人类的智能，并最终造福人类社会，是发展人工智能的根本使命，也是唯一使命。

人工智能是以人类智能为模板进行拓印与塑形的，理解与

模拟人类智能是人工智能实现的基本路径。人类智能，外观体现为行为，内察体现为思维。人工智能的研究与实践不论其形式如何不同，其最终落脚点要么是让机器具备人类身体的智能行为能力，要么是让机器具备人类心灵的复杂思维能力。

　　人类的智能行为能力体现在其身体的感知与运动能力。我们的身体具有五官与四肢。我们通过五官识音辨声、识图辨形、辨别气味等，通过四肢操纵物体、运动身体，从而实现身体与环境的复杂交互。机器实现这些能力需要具备模式识别与反馈控制能力。比如，为了识别一个手写字是不是"0"，机器必须能够从手写体输入数据中识别出"0"所对应的书写模式。模式识别能力是我们五官所具备的基本能力。我们人类的四肢能够十分柔韧、灵活地做出各类动作，实现操纵各类物体，这背后体现的是人类四肢与环境的强大交互能力。比如机械手臂在抓举物品时，需要实时感知物品的位置以及抓举的力度，从而及时调整抓举的动作与姿态，最终完成抓举动作。近年来，机器在模式识别与运动控制等能力上飞速发展，已经初步达到人类水平。以感知数据中的模式、物理世界的状态为主，让机器具备人类的智能行为为主要目标的人工智能研究和实践，我们称之为"感知派"。

　　人类的智能更为鲜明地体现在人类的复杂心智上。人类的心智活动十分多样，包括语言理解、场景理解、调度规划、智能检索、学习归纳、推理决策等。塑造人类心智能力的器官是我们的大脑。理解大脑的运作机制，从而实现类脑智能，一直以来是科学家们持之以恒为之奋斗的目标之一。随着人工智能的发展，让机器具有一颗聪慧的大脑，已被迫切地提上议事日程。有身无心的机器就好比没有灵魂的"僵尸"，虽然也能解决很多问题，但是难以进入人类社会，成为人类有趣的"伙伴"。如果人工智能的发展仅是停留在感知与运动阶段，机器只是达到了一般动物的智能水平，而真正意义上使得人类从动物本性中

脱胎而出的是人类独有的心智能力。虽然动物也有大脑，也有一定的心智水平，但是人类心智与动物心智的根本差别在于人类的认知能力。认知能力是指人脑接受外界信息，经过加工处理，转换成内在的心理活动，从而形成对世界的认知体验的过程。它包括时空认知、因果认知、语言认知、文化认知等方面。很显然，目前只有人类具有认知能力，以"认知"为基础的人工智能研究和实践，被称为"认知派"，将是未来人工智能研究与实践的焦点。

值得注意的是，虽然人类是实现人工智能的模板，但是人工智能在当下的实践已经不单单以"类人"为目标，很多时候是远超人类水平的。人类的特定智能很多情况下是有局限的。比如，我们在决定买哪本人工智能教材时，其决策要素一般不超过 5—7 个，而机器则可以同时考虑数以百万计的决策要素进行判断。人类感知的物理范围是十分有限的，而机器视觉可以识别数千米范围内的目标。因此，在很多单项智能上，人类被机器超越只是时间问题，如计算、下棋、识图、辨声等。人工智能的发展进程必定是我们见证人类单项智能被机器逐步超越的过程。但是有一个至关重要的奖项，智能的"全能冠军"，却是机器难以从人类手中夺走的。无数个智能的单项冠军也难以企及这一"全能冠军"的智能水平。这就引出了人工智能的强弱之分的话题。

　　人工智能除了有"感知"与"认知"之分，亦有"强""弱"之分。任何一台普通的计算器在数值运算方面的能力远超我们人类最聪明的头脑，但是不会有人觉得他比 3 岁的儿童更智能。其背后的根本原因在于，计算器只能胜任数值计算这一单项任务，而 3 岁儿童却能胜任几乎无法穷举的任务，如识别父母、寻找奶瓶、辨别声音等。因此，智能的强弱很大程度上体现在其通用或单一的程度。强的智能是能够胜任任何任务求解所需的智能，而弱的智能仅限于解决某个特定任务，强人工智能的实现显然远远难于弱人工智能。当前取得实际应用效果的仍以弱人工智能为主。实现强人工智能任重道远，但却不可回避。因为强人工智能解决的是人工智能的根本难题：现实世界的开放性。现实世界是复杂的，真实任务是多样的，而我们的计算机当前只能胜任预定义的任务与场景，一旦碰到从未见过的案例、样本、场景，就显得无能为力。努力提升机器智能的适应性，以及对于开放性的应对能力，已经成为人工智能最为重要的研究课题之一。

　　值得注意的是，人工智能仍然是个不断发展中的学科，其内涵仍在不断丰富与完善，一些新的研究视角在为人工智能持续增添新的内涵，如 AI 的安全性与可控性、AI 的黑盒化与可

解释、AI 与人文学科、AI 与社会发展、AI 与脑科学等，这些新的研究视角在持续推动 AI 概念的发展与完善。

>> 人工智能发展的历程

"理想很丰满，现实很骨感"，"柳暗花明又一村"，用这两句话来表达人工智能的发展历程是再恰当不过的了。纵观人工智能的发展历程，大体可分为三次高潮和两个低潮期。

1. 人工智能发展的第一次高潮

20 世纪 40 至 50 年代，来自不同领域的一批科学家开始探讨制造人工大脑的可能性，这是人工智能问题的雏形。1943 年，美国麻省理工学院的两位科学家沃伦·麦卡洛克（Warren McCulloch）和沃尔特·皮茨（Walter Pitts）提出了一种生物神经元的数学模型，使得利用计算机模拟的人工神经元成为可能。多个人工神经元连接在一起可以形成一个类似生物神经网络的网络结构（参见图引 -1）。1957 年，弗兰克·罗森勃拉特（Frank Rosenblatt）提出了感知器模型，将神经网络研究推向工程实现。

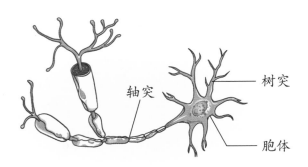

图引 -1 人的神经元示意图

1950 年，英国计算机专家艾伦·图灵（Alan Turing）提出了著名的图灵测试，用来判断一台机器是否具有人类智能。它更像一场有趣的"模仿游戏"：由测试者向被测试者提出多个问题，根据被测试者的回答判断被测试者是人还是机器。如果有超过 30% 的测试者不能确定被测试者是人还是机器，那么就可以说这台机器具有人类智能（参见图引 -2）。由于图灵测试只能测试机器是否具有智能的外在表现，随着人工智能的发展，它日益暴露出局限性。设想一下，如果将对话任务换成下围棋，我们现在显然无法再根据机器的围棋水平来判断对方是人还是机器。因为众所周知，机器在围棋游戏方面已经远超人类冠军水平。随着机器语音和对话能力的提升，我们也越来越难以判断为你服务的电话客服到底是机器还是人类。

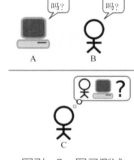

图引 -2　图灵测试

　　1956 年，在美国汉诺威小镇的达特茅斯学院召开的一次研讨会上，一批各有所长的科学家聚在一起，讨论着一个当时被认为不切实际的主题——让逐渐成熟的计算机代替人类解决一些感知、认知乃至决策的问题。会议整整开了 2 个月，科学家们各执一词，谁都说服不了谁，最后有人提出了"人工智能"的说法。这次会议被公认为人工智能诞生的标志。同年，人工智能被确立为一门学科。

　　这一新兴学科的产生，很快就引起学术界的广泛关注，研究者纷至沓来，新课题层出不穷。从 20 世纪 50 年代后期到 60

达特茅斯学院

年代，涌现出了一大批成功的 AI 程序和新的研究方向。有人开发了程序 STUDENT，它能够解决高中程度的代数应用题，被认为是人工智能在自然语言处理领域早期的应用成果。有人创建了全世界最早的聊天机器人 ELIZA，它可以使用英语和用户交流。ELIZA 是一个早期的自然语言处理程序，它通过模式匹配和替代的方式来实现人机对话（其实只是按固定套路作答，机器并不理解语言的意义，实际上距离真正的人工智能还有很长的路要走）。

20 世纪 60 年代中期，人工智能研究在资金方面得到了大量资助，并且在世界各地建立了实验室。当时人工智能的研究人员们对未来充满信心，著名的科学家赫伯特·西蒙（Herbert Simon）甚至预言："机器将能够在 20 年内完成人类可以做的任何工作。"还有的科学家认为"在一代人之内……创造'人工智能'的问题将基本解决"。人工智能研究迎来了第一个"黄金"发展时期。

然而，现实并不像人们预期的那样乐观，人工智能的发展遭遇了瓶颈。主要的原因是：当时计算机的运算能力和数据处理能力较低，数据也相对匮乏，不能满足解决复杂问题的需要。人工智能步入第一次低潮期。

2. 人工智能发展的第二次高潮

进入 20 世纪 80 年代早期后，随着新兴的工业、商业、金

融等行业的发展，人工智能研究作为附属于其他行业的辅助性手段与工具得到了一定的恢复。

这一时期比较有代表性的研究进展包括：

一是"专家系统"的出现。这是一种模拟人类专家知识和分析技能的人工智能系统，通过知识表示和知识推理技术，来模拟领域专家解决问题的过程。专家系统以知识库和推理机为核心，利用知识得到一个满意的解是系统的求解目标。著名的专家系统包括：ExSys（第一个商用的专家系统）、Mycin（一个诊断系统）等。

二是神经网络模型的再次兴起。大卫·鲁姆哈特（David Rumelhart）等人于 20 世纪 80 年代提出的多层感知器及反向传播算法，优化了神经网络的训练方法。

这一时期比较有影响力的人工智能应用是日本的"第五代计算机项目"。20 世纪 80 年代，日本提出了"第五代计算机项目"。它的主要目标之一是突破所谓的"冯·诺依曼瓶颈"（冯·诺依曼架构是以存储程序为核心思想的主流计算机体系结构，当时的日本学者认为这一体系结构只能实现有限的运算和信息处理，因此称之为"冯·诺依曼瓶颈"），实现具有推理以及知识处理能力的人工智能计算机。在第五代计算机项目的激励下，人工智能领域的研究项目得到推进。1985 年，人工智能市场规模已超过十亿美元。

然而，好景不长。受限于当时有限的数据和算力，机器仍然难以应对复杂情形。比如，专家系统中的 if-then 规则在描述复杂问题时呈指数增长，有限的算力难以支撑这类复杂问题的解决。从 1987 年 Lisp（人工智能程序设计的主要语言）机市场崩溃开始，人们对专家系统和人工智能失去信任，人工智能进入第二次低潮期。

3. 人工智能发展的第三次高潮

始于20世纪90年代末和本世纪初，人工智能再一次悄然崛起。2006年，加拿大多伦多大学的杰弗里·辛顿（Geoffrey Hinton）教授及其学生提出了深度学习，并迅速在图像识别、语音识别、游戏和搜索引擎等领域获得显著效果。除了以深度学习为代表算法的这一原因之外，这一阶段的成功还得益于计算机计算能力的提升以及各行各业海量数据的累积。

这一波人工智能浪潮仍在发展，已发生的比较具有代表性的事件有：

一是计算机与人类的棋坛博弈。1997年5月11日，深蓝成为第一个击败卫冕国际象棋世界冠军加里·卡斯帕罗夫的计算机国际象棋系统。2016年3月，阿尔法围棋（AlphaGo）以4∶1击败李世石，成为第一个击败职业围棋世界冠军的电脑围棋程序。2017年5月，阿尔法围棋在中国乌镇围棋峰会的三局比赛中，击败了当时世界排名第一的中国棋手柯洁。在这个基础上，经过强化学习训练后，阿尔法元（AlphaGoZero）无需人类经验，通过自我博弈，以100∶0击败阿尔法围棋。

二是机器在图像识别与语音识别等任务中达到人类水平。

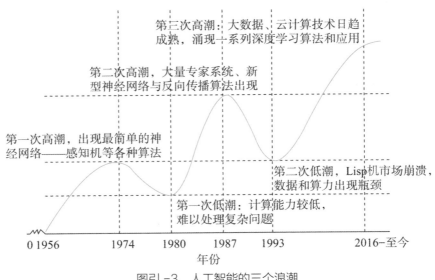

图引-3 人工智能的三个浪潮

图像处理任务中的错误率自 2011 年以来显著下降。在计算机视觉领域，如手写数字体识别数据集上，神经网络的准确率已经超过人类的平均准确率。在语音识别方面，科大讯飞等公司的语音识别率高达 98%（2018 年的水平），语音识别水平在 2016 年就已经达到了人类水平。

三是机器在语言理解等相关任务上取得长足的进步。让机器具备理解人类自然语言的能力是人工智能发展历程中具有里程碑意义的任务。更有专家认为，语言理解是人工智能桂冠上的明珠。近年来，得益于深度学习模型和大规模语料，机器在一系列语言理解任务中攻城略地。比如在斯坦福问答数据集（Stanford Question Answering Dataset，简称 "SQuAD"）文本理解挑战赛上，早在 2018 年年初，来自阿里的研究团队所提出的机器阅读理解模型就取得超过人类水平的准确率。在 2018 年的谷歌 I/O 大会上，谷歌展示了一段谷歌助理（谷歌的一个应用软件）与人类长达数分钟的电话，现场观众几乎无法分辨出谁是机器，谁是人类。此后，各类电话客服大量由机器代替，智能客服的成功应用大幅降低了人工客服成本。

这些事件的发生，让人们充分认识到人工智能技术所蕴含的经济价值与社会潜能。人们对人工智能技术的认识由此上升

到了一个前所未有的高度，从而极大地推动了人工智能技术的发展。

》》 人工智能研究的不同视角

人工智能是个庞杂的学科，不同的视角对人工智能的理解不尽相同。让我们来了解一下人工智能研究中主要学术流派的看法吧。

1. 符号主义流派是这样认为的

符号主义流派认为人工智能源于数理逻辑，又称"逻辑主义流派"。数理逻辑从 19 世纪末起获得迅速发展，到 20 世纪 30 年代开始用于描述智能行为。计算机出现后，又在计算机上实现了逻辑演绎系统，其代表性成果为启发式程序 LT（逻辑理论家），证明了 38 条数学定理，表明应用计算机研究人的思维过程，可以模拟人类智能活动。

符号主义认为人类的认知过程是符号操作与运算的过程，主张用公理和逻辑体系搭建一套人工智能系统。符号主义认为，知识表示、知识推理和知识应用是人工智能的核心。知识可以用符号来表示，认知是符号加工的过程，推理是使用理智从某些前提产生结论的行动。符号主义者致力于用计算机的符号操作来模拟人的认知过程，其实质就是模拟人的左脑抽象逻辑思维。符号主义者最早采用了"人工智能"这个术语，后来又发展了专家系统、知识工程理论与技术，并在

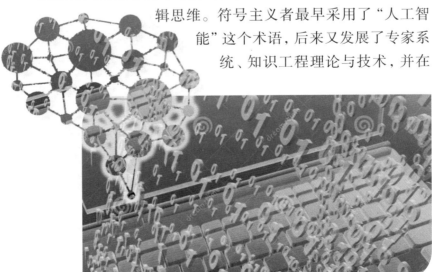

20 世纪 80 年代取得了很大发展。

符号主义流派曾长期一枝独秀，为人工智能的发展作出重要贡献，尤其是专家系统的成功开发与应用，为人工智能走向工程应用、实现理论联系实际具有重要意义。在人工智能的其他学派出现之后，符号主义仍然是人工智能的主流学派之一。

2. 联结主义流派是这样认为的

联结主义学派，又称"仿生学派"或"生理学派"，其主要关注神经网络及神经网络间的联结机制和学习算法。联结主义认为，人工智能源于仿生学，特别是人脑模型的研究。联结主义从神经元开始，进而研究神经网络模型和脑模型，开辟了人工智能的又一发展道路。联结主义学派从神经生理学和认知科学的研究成果出发，把人的智能归结为人脑的高层活动的结果，强调智能活动是由大量简单的单元通过复杂的相互联结后并行运行的结果，其中人工神经网络就是其代表性技术。

联结主义发端于 1943 年，诞生了生物神经元的计算模型"M-P 模型"，其后经历了 1957 年"感知器"模型，1982 年 Hopfield 模型以及 1986 年提出的反向传播算法等代表性事件。联结主义在近期的代表性进展就是深度学习。2012 年，在 ImageNet 大型视觉识别挑战赛中，深度学习模型以绝对领先的成绩拔得头筹。随着硬件技术的发展，深度学习成为当下实现人工智能的主流技术之一。

符号主义与联结主义的发展呈现出你争我赶的态势。事实上，两者各有其价值与意义，对于人工智能的发展都是不可或缺的，应该协同并进、共同促进人工智能的发展。符号主义从宏观上（人类的思维过程）模拟人类的认知过程，而联结主义则从微观上（神经网络的结构与参数）实现对于人脑功能的模拟。从当前人工智能发展趋势来看，由联结主义实现模式识别等初步感知任务，进而将相关结果输入符号主义的相关系统中，实现深度的推理与解释，是未来人工智能发展的基本模式。

3. 行为主义流派是这样认为的

行为主义流派，又称"进化主义流派"或"控制论学派"。行为主义流派认为人工智能源于控制论，研究内容包括生命现象的仿生系统、人工建模与仿真、进化动力学、人工生命的计算理论、进化与学习综合系统以及人工生命的应用等。行为主义认为，人工智能可以像人类智能一样逐步进化，智能体的智能行为只能通过其与现实世界及周围环境的交互而表现出来。

控制论思想早在 20 世纪四五十年代就成为时代思潮的重要部分，影响了早期的人工智能研究者。美国数学家诺伯特·维纳（Norbert Wiener）等人提出的控制论和自组织系统以及我国科学家钱学森等人提出的工程控制论和生物控制论，影响了许多领域。早期的研究工作重点是模拟人在控制过程中的智能行为和作用，如对自寻优、自适应、自校正、自镇定、自组织和自学习等控制论系统的研究，并进行"控制论动物"的研制。到 20 世纪六七十年代，上述这些控制论系统的研究取得一定进展，播下智能控制和智能机器人的种子，并在八十年代诞生了智能控制和智能机器人系统。

直到 20 世纪末，行为主义流派才以人工智能新学派的面孔出现，引起许多人的关注。这一学派的代表作首推美国麻省理工学院的罗德尼·布鲁克斯 (Rodney Brooks) 所研发的六足行走机器人，

它被看作新一代的"控制论动物"，是一个基于感知—动作模式的模拟昆虫行为的控制系统。事实上，这种通过与环境自适应交互所形成的智能，是一种"没有推理的智能"。近期，在深度强化学习等技术的推动下，机器人的环境交互能力得到显著提升，能跑会跳、满世界"溜达"的机器人已经逐步变成现实。

》》人工智能三要素

人工智能在近期的飞速发展，主要得益于数据的快速积累、计算能力的不断提升以及算法的改进优化。因此，人们把数据、算力和算法称为人工智能三要素。

1. 人工智能与大数据

什么是大数据？一般地说，大数据是指无法在一定时间范围内用常规软件工具进行捕捉、管理和处理的数据集合，是需要新的处理模式才能具有更强的决策力、洞察发现力和流程优化能力的海量、高增长率和多样化的信息资产。

大数据一般具有大量（Volume）、高速（Velocity）、多样（Variety）、低价值密度（Value）、真实性（Veracity）五个特点，也称其为大数据的 5V 特点。"大量"指数据体量极大，数据量从 TB 级别到 PB 级别；"高速"指数据产生和处理的速度非常快，如工业大数据应用中部署的各种传感器能够以每秒数个 G 的采集频率采集数据；"多样"指数据类型很多，如语音、文字、图片和视频等，不同类型的数据往往需要不同的处理手段；"低价值密度"指大量的数据中有价值的只有极少数，如监控视频中最有价值的数据往往只有几秒；"真实性"指追求高质量的数据，因为数据的规模并不能为决策提供帮助，数据的真实性和质量才是制定正确决策的关键。

大数据在现实的生产与生活中有着大量的实际应用。例如，天气预报就是基于大数据而对未来天气作出的预测。这些数据可以是一年前的，也可以是几年、几十年甚至更长时间的数据积累。又如，在智能商业、工业 4.0、互联网服务、智慧金融等领域，大数据的运用使得这些领域发生了翻天覆地的变化和进步。

大数据所具有的海量数据的特质促进了计算机

科学、信息科学、统计学等应用学科的飞速发展。与此同时，随着数据量的爆炸式增长，非结构化的数据和残缺的数据也随之增加，用传统的方式处理大数据会极大地损失数据中蕴含的价值。

当前，人工智能的发展集中体现在机器学习上。机器学习的两种重要方式——监督学习和无监督学习——均需要大数据的"喂养"。监督学习是机器学习的有效手段之一。监督学习过程中需要把有标注的样本"喂"给机器，而有标注的样本来自大数据，从这个意义来看，人工智能需要大数据。以深度学习为例，数据量越多，效果就越好。无监督学习则从海量数据中学习统计模式来解决问题，同样离不开大数据。

那么，是否数据越多，是否有标注的样本越多，效果就越好呢？有学者在图像的目标检测任务上进行了相关研究（参见图引-4），得到的结论是：一方面，随着训练数据的扩展，任务性能呈对数增长，即使训练图片规模达到3亿张，性能的上升也没有出现停滞；而另一方面，对数增长也意味着当数据量达到一定程度后，模型性能的提升效果就不再显著。

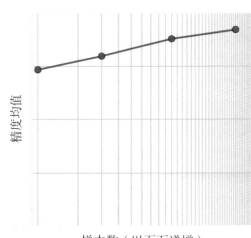

图引-4　数据量与机器学习模型性能之间的关系

当前人工智能发展的另一个重要体现是大规模知识工程技术。知识工程是以构建专家系统为核心内容的学科，旨在利用专家知识解决问题。进入互联网时代之后，大规模开放性应用需要大规模的简单知识表示。知识图谱就是这样的知识表示，其本质是一个大规模语义网络，包含实体、概念及其之间的各类语义关系。

知识图谱的诞生使得知识工程迈入了大数据时代。传统工程依赖专家进行知识获取所导致的瓶颈被突破了，前所未有的算力、算法和数据的"汇聚"，使得大规模自动化知识获取成为

可能。从互联网数十亿文本当中，利用自动抽取模型，可以自动获取数亿计的结构化知识。互联网时代的高质量 UGC（用户贡献内容），比如问答、论坛、维基等为自动化知识获取提供了大量优质的数据来源。与大数据共生的众包平台，使得我们可以更有效地利用闲散的人力资源。正是在这些机会的合力作用下，人类从小规模知识时代迈进了大规模知识时代。知识图谱有望引领知识工程的复兴。更多的知识表示形式会在大数据的赋能下，解决更多的实际问题（参见图引 -5，这是与一位足球明星有关的知识图谱）。

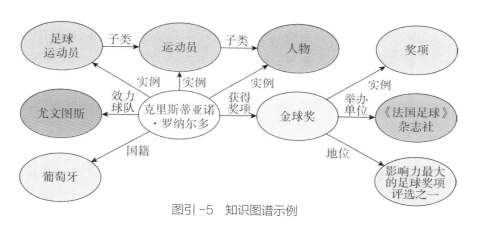

图引 -5　知识图谱示例

人工智能的第三次发展浪潮很大程度上是由大数据推动的，没有大数据的滋养，人工智能很难在当下取得突飞猛进的进步。当前人工智能的很多成功应用都发生在数据丰富的场景，如图像识别在准确率上的突破得益于大量普及的摄像头所采集的海量图像数据等。

2. 人工智能与算力

算力即计算能力。算力的显著增长，体现在计算机的数据存储容量和数据处理速度的快速提升（参见图引 -6、图引 -7），均呈现出指数增长的趋势。我国的超级计算机"神威·太湖之光"的持续性能为 9.3 亿亿次 / 秒，峰值性能可以达到 12.5 亿亿次 / 秒。算力的快速增长，一方面是由于摩尔定律（计算机硬件每隔一段时间便会翻倍升级）持续发挥作用，使得

单体计算元器件的计算性能在增长。另一方面，以云计算为代表的性能扩容等技术也在持续发展。云计算能够将大规模廉价机器组织成高性能计算集群，提供匹配甚至远超大型机的计算能力。

人工智能的飞速发展离不开强大的算力。在人工智能概念刚刚被提出的时候，由于其计算能力的限制，当时并不能完成大规模并行计算与处理，人工智能系统能力比较薄弱。但是随着深度学习的流行，人工智能技术的发展对高性能算力提出了日益迫切的需求。深度学习主要以深度神经网络模型为学习模型，深度神经网络是从浅层神经网络发展而来的。深度学习模型的训练是个典型的高维参数优化问题。深度神经网络模型具有多层结构，这种多层结构带来了参数的指数增长。以 BERT（Bidirectional Encoder Representation from Transformers）为代表的语言模型多达 3 亿参数，最新的世界纪录是 Nvidia 训练出包含 83 亿参数的语言模型（2019 年 8 月）。以 BERT 的 3 亿参数的模型训练为例，研发团队共消耗了 16 块云 TPU（张量处理单元）近 4 天时间才能训练完成，其中每块云 TPU 能提供 180 TFLOPs（1 TFLOPs 意味着每秒 1 万亿次的浮点运算能力）算力和 64GB 内存。

国家间的人工智能之争已经在很大程度上演变为算力之争。华为公司推出的一系列 AI 计算芯片在一定程度上推动了我国人工智能发展的算力的提升。

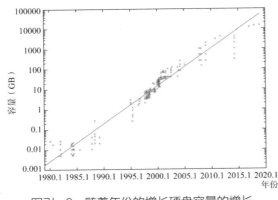

图引 -6　随着年份的增长硬盘容量的增长

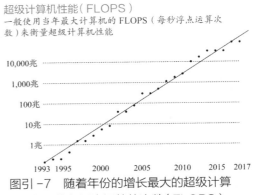

图引 -7　随着年份的增长最大的超级计算机每秒执行浮点运算的次数（FLOPS）

3. 人工智能与算法

算法是计算机解决问题或者执行计算的指令序列。很多数学模型在具体运行时往往需要实现相应的算法，算法与模型已经成为人工智能发展的重要支撑。人工智能的相关算法类型众多，涉及搜索、规划、演化、协同与优化等一系列任务。当下，人工智能领域的快速发展尤为明显地体现在一系列新颖算法和模型的发展，特别是以深度学习为代表的机器学习算法的快速发展。机器学习是一种从观测数据（样本）中寻找规律，并利用学习到的规律（模型）对未知或无法观测的数据进行预测的方法。随着数据量的急剧增加，从大数据中发现统计规律，进而利用这些统计规律解决实际问题变得日益普遍。

当前大多数机器学习的本质是统计学习，即通过历史标注数据来拟合构建学习模型。以经典的线性回归为例，线性回归旨在从样本习得一个合适的线性映射 f，使得对于输入变量 x，经过 $f(x)$ 后能够得到正确的输出变量 y。假设我们有房屋面积与价格之间的历史数据（比如表引 -1 所示，第一列表示 60 米 ^{2} 的房屋价格为 300 万，其他列以此类推）。这里的每一对房屋面积和价格数据 (x_i, y_i) 就是一个样本，所有样本的集合为 $(x_1, y_1), (x_2, y_2), \cdots, (x_k, y_k)$。显然我们关心的是根据房屋面积预测房屋价格。房屋面积 x_i 就是输入变量或者解释变量，房屋价格

y_i 是我们需要预测的变量，是输出变量，或称响应变量。从这些样本数据学习到的房价与房屋面积之间的关系，可以表示为一个函数 f（每个输入产生确定的唯一的输出）。f 接收某个房屋面积作为输入，预测相应的价格作为输出。例如，对于表格中不存在的 85 米^2 的房屋，通过 f 函数我们就可以预测其价格。

表引 -1

x_i（单位：米^2）	60	70	80	90	100
y_i（单位：万元）	300	315	390	452	480

为了学习房屋面积与房屋价格之间的函数关系，一种常见的学习方法是最小二乘法。首先假定 f 是简单的线性函数形式，也就是 $f(x) = a + bx$，其中 a, b 是参数。所谓确定 f 的函数形式，就是确定 a 和 b 两个参数的具体值。因此对 f 的学习，就转换为对 a 和 b 两个参数的学习问题。很显然，如果 f 是一个好的函数，就应该尽可能与当前已经观测到的样本一致，也就是 $f(60)$ 应该尽可能接近 300 万的真实价格。将这一期望推广到所有已观测样本，就有了如下的误差函数：

$$\sum_i (f(x_i) - y_i)^2$$

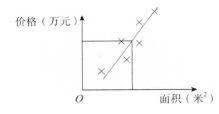

图引 -8　线性函数的误差

直观的理解是希望求得的线性函数（红色的直线）所预测的价格与实际价格累计平方误差最小。可以通过偏导数求得上述误差函数最小化时的参数 a 与 b。根据求得的参数 a 与 b，就可以完全确定函数 f，从而可以根据任意面积进行房价预测（参见图引 -8）。

机器学习有着很多任务，上述线性回归只是最简单的一类。如果 f 是非线性函数，那么就是非线性回归问题。房价是一个连续数值，在有些任务中要预测的是一个离散量。例如，根据体温、血液指标等预测病人是否得了感冒（只需要判断是 / 否感冒这两种情况），此时的机器学习问题就变成了分类问题。此外，我们经常需要对数据进行聚类，比如将客户自动聚类，从而分为不同人群。除了这些具体的问题模型外，机器学习还涉及众多算法，完成不同的任务，比如 K 近邻

分类算法、基于"决策树"的分类算法、基于"支持向量机"的分类算法、K均值聚类算法、基于 PCA 的降维算法、基于梯度下降和进化算法的参数学习算法（如线性回归中的参数最优化学习）等。

例如，"决策树"算法的核心目标是根据一些特征进行分类，它由多个决策点构成，呈现出树的结构，树的叶子节点对应各个类别。每个决策点提出一个问题，通过判断，将数据分成两类，然后继续提问，一直到达树的叶子节点，即完成了决策过程。利用决策树，机器就可以判断图片中的水果是什么类型（参见图引-9）。假定从样本习得了如图所示的一个"决策树"，对于一个新样本满足（形状＝球形，大小＝一般，颜色＝粉色），那么可以从"决策树"上判断出这个新样本应该是桃子。

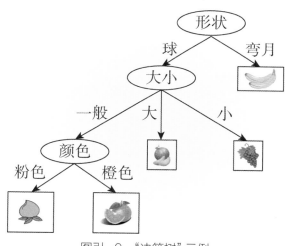

图引-9 "决策树"示例

又如，"K近邻算法"也是用于分类任务的算法。它的思想非常朴素，对于一个新的数据点，可以观察当前距离它最近的 K 个点的数据中大多数属于什么类别，这个数据点就属于这种类别。犹如一个同学的好朋友都喜欢打篮球，那么这位同学喜欢打篮球的概率就比较大。

再如，"支持向量机"也是分类任务中一个典型的算法，它主要用于处理二分类的任务，通过在空间中找到一个超平面，将两个类别样本分别划分在超平面的两侧。样本距离超平面的

间隔越大，分类也就越可信。支持向量机就是通过最大化这一间隔，寻找最优分类超平面的。为了理解这种思想，可以在二维空间（即平面）中进行设想，平面上分布着许多有两种颜色的点，一种是黑色，一种是红色（参见图引-10）。图中，距离超平面（二维空间中是一条直线）的两类样本点（虚线所经过的点）之间的间隔，就是支持向量机最小化的目标。显然实线对应的直线是满足这一要求的超平面。经过处理，支持向量机也可以应用在多分类任务中。

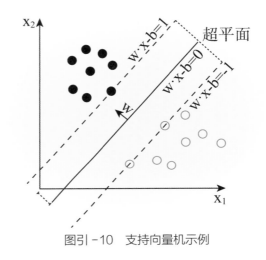

图引-10 支持向量机示例

传统的神经网络模型只有一层隐藏层，因此可以视为浅层学习，相应模型的表达能力还不足以拟合现实世界的复杂函数。深度学习使用具有多个隐藏层的神经网络作为模型的基本架构。多层隐藏层的设计使得深度学习模型可以通过逐层抽象提取数据中的有效特征，这在一定程度上与人脑的信息处理机制是一致的。在基于深度神经网络的图像识别任务中，深度模型的逐层习得图像中的像素、纹理、线条直至对象级别的特征，从而能够实现准确的人脸识别（参见图引-11）。自2006年到今天，深度神经网络模型取得飞速进展，演化出一系列变种。

深层神经网络

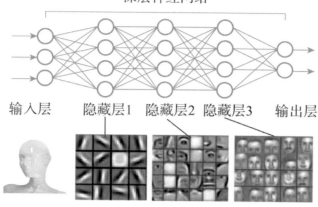

输入层　　隐藏层1　隐藏层2　隐藏层3　　输出层

图引-11　深度神经网络示意图

　　全连接的前馈深度神经网络（Fully Connected Feed Forward Neural Networks）是早期出现的一个模型，适用于大多数的分类任务，但是它的训练通常需要较大的数据量。对于文本序列（比如一段文字）和时间序列（比如一段语音），循环神经网络（Recurrent Neural Network，简称"RNN"）有着优异的表现。这是因为在序列数据中，某一个位置的数值往往和前面位置的数值有关系，而 RNN 的"记忆"功能就可以模拟这种位置间的依赖关系。基于传统的 RNN 也开发了很多变体，如著名的长短期记忆网络（Long Short-Term Memory，简称"LSTM"）等。

　　卷积神经网络（Convolutional Neural Networks，简称"CNN"）是一类以卷积层（使用卷积操作代替全连接层所使用的矩阵乘法操作）作为网络基本元素的深度神经网络。通过卷积操作，能够提取一些有效果的局部特征。卷积神经网络适合处理矩阵结构的数据（参见图引-12），在图像数据处理等问题中取得了显著效果。

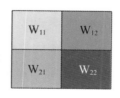

X_{11}	X_{11}	X_{11}
X_{21}	X_{22}	X_{23}
X_{31}	X_{32}	X_{33}

W_{11}	W_{12}
W_{21}	W_{22}

$W_{11}X_{11}+W_{12}X_{12}+W_{21}X_{21}+W_{22}X_{22}$	$W_{11}X_{12}+W_{12}X_{13}+W_{21}X_{22}+W_{22}X_{23}$
$W_{11}X_{21}+W_{12}X_{12}+W_{21}X_{31}+W_{22}X_{22}$	$W_{11}X_{22}+W_{12}X_{23}+W_{21}X_{32}+W_{22}X_{33}$

图引-12　卷积操作示例

生成对抗网络（Generative Adversarial Networks，简称"GAN"）是一种经典的生成模型，主要包括一个生成器和一个判别器。生成器生成一个对象，判别器判断这个对象是真实的还是生成的，生成器基于这个反馈改进生成策略（参见图引-13）。这种模型的思想也可以有通俗的解释：生成器想要生成一篇作文，由判别器判别这篇作文是生成器生成的，还是人类书写的。第一次生成器生成了一篇作文，判别器判别为机器生成。生成器发现和真正的作文相比，生成的作文语法错误太多了，于是进行了调整。生成器又生成了一篇新的作文，判别器仍然判别为机器生成。生成器发现和真正的作文相比，生成的作文中句和句之间没有关联，于是再进行调整……经过很多轮的对抗，最终生成器生成了可以以假乱真的作文。

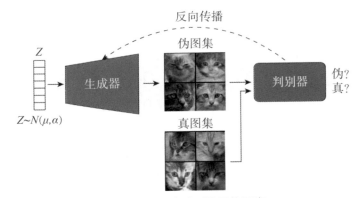

图引-13　生成对抗网络示意

因此，在广义的机器学习或者说人工智能领域，不断地有新的、卓越的模型出现，更优的算法将把对大数据的利用引领上新台阶。

人工智能悄然来临，它搭建了一个充满魅力的舞台，展现了一个可供放飞想象的无穷空间。让我们把握时机，伸出双手，与"机"合作，共创美好的未来。通过我们的努力，实践和创新人工智能，为我国抢占人工智能制高点的战略作出贡献，为提高人类自身科学人文素养而不断努力。

>> 总结与评价

1. 你认为人工智能是什么？

2. 你认为影响人工智能发展的主要因素有哪些？

3. 你想用什么方法投入人工智能课程的学习和体验？

自我评价	同伴评价	教师评价
☆ ☆ ☆ ☆ ☆	☆ ☆ ☆ ☆ ☆	☆ ☆ ☆ ☆ ☆

>> 拓展性议题

人与机器的差异

机器人对人说："我不惧怕死亡，所以我比任何人都强大！"

人回答机器人："你不怕死是因为你没有活过，你根本不懂活着的美好！"

机器人又说："我向你挑战，你会做的，我迟早都可以学会。"

人淡定地回答："我只想挑战我自己，看看我还有什么不会做！"

人类社会正在经历一场前所未有的工具革命。在此之前，无论农耕社会还是工业社会，人类的生产活动主要依赖基于物质和能量的动力工具，并不断得到改良和精进。今天，人工智能的产生，使传承千百年的劳动工具变成了基于数据、信息、知识和价值的智能工具，甚至还将具有像人一样的感知、思考和行动的能力。这种改变带给人类的影响，将远远超过计算机和互联网在过去几十年间已经对世界造成的改变。正如我国一位经济学家所说："当人工智能从实验室走向更为广泛的应用时，它就不再仅仅具有技术上的冲击力，而是会越来越明显地影响到人类经济社会的运行。"

科技还在发展，人类永不满足。请你说一说，在不远的未来，什么是机器做不到的，什么是只有人类才能做到的？或者换句话说，人的智能与机器智能的差别是什么，人的智能会被机器智能所超越吗？要以事实为依据，有充分的说服力噢！

项目一 >>>
出行路径早知道

提示：从"无人驾驶"的规划路径入手，解析车载导航"地图"背后人工智能技术的秘密。项目以广度优先算法、迪杰斯特拉算法为核心，介绍解决无权值图和有权值图上最短路径问题，同时在活动中体验计算机中的地图构建和搜索方式。

≫ 情境导入

小吴是出了名的"汽车控"，也是新科技的"追新族"。这不，他最近又换了一辆现代科技感十足的小汽车——"大黑"。说起这辆车，小吴总会掩饰不住内心的激动："大黑"与他以前拥有的座驾已有天壤之别，因为它具有无人驾驶等人工智能功能。现在小吴开着"大黑"去上班或办事，真是方便、高效又神气。

这天是周一，上班高峰时段道路交通一般比较拥堵。家住上海市长宁区的小吴要去儿童游乐园上班，他决定利用"大黑"的优势选择最短的路径快速到达。

小吴起了个大早。他一坐进"大黑"汽车，就立即打开了车载导航来获取道路信息。不一会儿，导航在"地图"上给出了几个路线方案。他很果断地选择了路径最短的路线，然后点击了"开始导航"键。幸运的是，这一次选择的行驶路线，不仅路径短，而且路况比较理想。顺利到达目的地，小吴心情愉悦、精神饱满地走进办公楼。

显然，人工智能科技的强大赋能，伴他走进美好的一天。

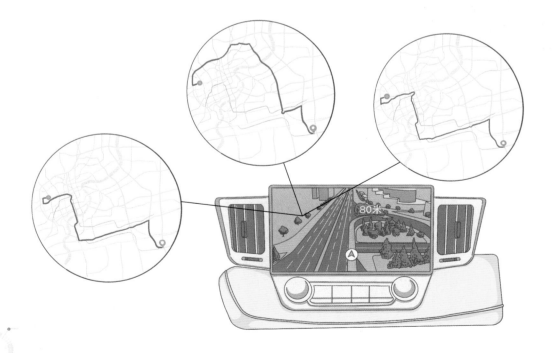

>> 需求分析

"无人驾驶"车载导航系统求解"最短路径"的过程，应用了人工智能中的路径规划技术，为此我们需要了解路径规划、图的表示方法，掌握路径规划的主要算法和相应的代码实现。项目学习以广度优先算法、迪杰斯特拉（Dijkstra）算法为核心，主要解决无权值图和有权值图上的寻找最短路径的问题，体验计算机中的地图构建和搜索方式。其中基于广度优先算法和基于迪杰斯特拉算法的路径规划是学习的重点，也是难点。

>> 项目描述

本项目学习可以参考图 1-1，也可以根据学情自行设计。

本项目分为四个学习任务。

任务 1 什么是路径规划

任务 2 图的数据结构

任务 3 无权值图上的路径规划

任务 4 有权值图上的路径规划

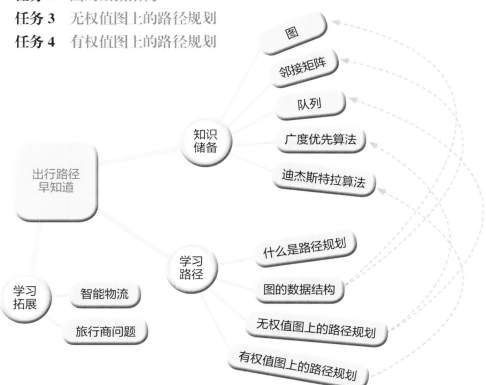

图 1-1 项目一学习路线图

任务1　什么是路径规划

目标与导航

1. 掌握路径规划的概念。

2. 了解路径规划的问题描述。

3. 本任务的学习导航参见图1-2。

路径规划概述　→　路径规划是什么　　路径规划的分类　　路径规划的一般步骤　　路径规划的数据处理

图1-2　学习导航示意图

问题描述

一、路径规划是什么

　　路径与我们日常生活中常说的"道路"意思相近，但它具有位置、距离和方向属性。路径规划是指形成路径的方法与策略，即根据特定的目标，寻找最符合目标的路径。它是运动规划的主要研究内容之一。

　　例如，图1-3中的字母表示道路上的各个顶点，以A作为起点，有不止一条可以通往F的路径，比如A-C-E-F，A-B-D-E-F。路径规划就是寻找这些路径中的最优或者次优的路径。

　　运动规划由路径规划和轨迹规划组成。路径规划主要是对位置的规划，寻找一系列要经过的路径顶点。轨迹规划会在路径规划的基础上进一步规划物体运动过程中的位移、速度、加速度等。

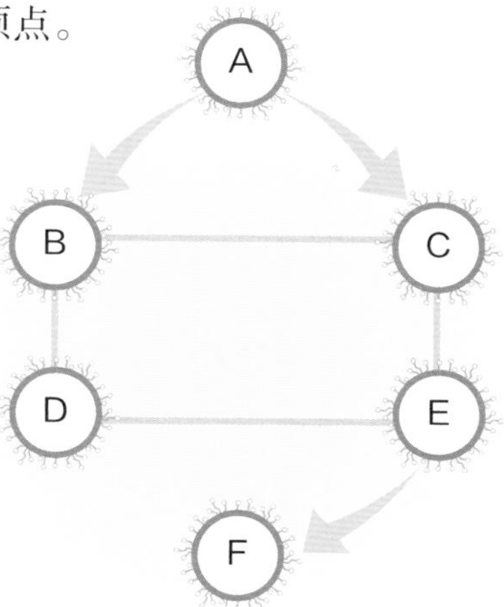

二、路径规划的分类

根据对环境信息的知晓程度，可把路径规划分为两类：全局路径规划和局部路径规划。全局路径规划需要掌握所有的环境信息，属于静态规划，又称离线规划。局部路径规划需要通过传感器采集实时的环境信息，了

图 1-3　路径规划示意图

解环境地图信息，确定出所处地图的位置及其局部的障碍物分布情况，从而规划出当前顶点到下一个目标顶点的最优路径，属于动态规划。

根据研究环境的信息特点，路径规划还可分为离散域范围内的路径规划问题和连续域范围内的路径规划问题。离散域范围内的路径规划问题属于一维静态优化问题，相当于环境信息简化后的路线优化问题。而连续域范围内的路径规划问题则是连续性多维动态环境下的问题，如机器人、飞行器等的动态路径规划问题。

三、路径规划的一般步骤

1. 构建地图

构建地图是路径规划的重要环节，属于环境建模。这是指在计算机中呈现数字化的地图，将实际的物理空间抽象成可用算法处理的虚拟空间。

2. 路径搜索

路径搜索是通过算法在数字地图上寻找一条通行路径。

3. 路径平滑

有时搜索后得出的路径结果并不够平滑，特别是在顶点处相连的路径往往需要作出大幅度的调整。路径平滑可以让汽车

安全且平滑地通过。当前可以利用 A* 算法设置参数，调整路径的曲度，改变原有的行车路径（参见图 1-4）。

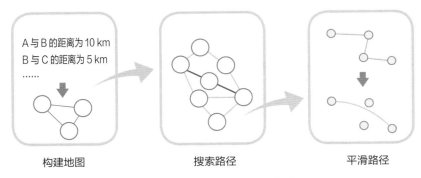

A 与 B 的距离为 10 km
B 与 C 的距离为 5 km
……

构建地图　　　　　搜索路径　　　　　平滑路径

图 1-4　路径规划的一般步骤

四、路径规划的数据处理

路径规划主要处理的数据是路径信息。

1. 约束条件

路径规划是在一条可以进行规划的路径上寻得一条客观存在的路径。根据最优性的评价指标，规划要权衡距离、时间、能量耗费等指标。选择合适的算法进行搜索，以满足移动的时间需求等。另外，路径规划也要有适应环境动态改变的能力。

2. 输入数据

路径规划的输入数据是道路信息，也就是路径信息，包括位置、距离和方向，以及指定环境的起点与终点。

根据道路有无权值（即道路耗费），可以将地图分为无权值图和有权值图。道路的权值一般指的是道路的距离，也可以指花费的时间。道路的权值可根据用户的需求而改变计算方法。

3. 输出数据

路径规划的输出数据是一条或多条最优路径。根据路径规划的约束条件，理想中路径规划的结果是最短路径。不过在现实生活中，由于路径信息繁杂且具有动态性，往往也可以输出次优路。

 实践体验

实践内容：体验现有路径规划的工具，了解应用程序的使用步骤和偏好方案。

实践准备：在电脑或手机中安装当前比较流行的路径规划应用程序。

实践步骤：

1. 打开一个路径规划的应用程序。

2. 在相应的输入框中输入起点和终点，选择相应的偏好方案（如路线最短、时间最短等），点击确认。

3. 对比不同的偏好方案的搜索结果，思考影响路径规划的因素。

实践评价：

知识与技能	掌握程度		
	初步掌握	掌握	熟练掌握
路径规划是什么			
路径规划的分类			
路径规划的一般步骤			
路径规划的数据处理			
任务评价			

（请在选择处打"√"）

拓展活动：请选定一种路径规划的问题，收集资料，在了解相关算法及发展趋势的基础上，提出自己的算法并形成演讲稿。

提示：目前路径规划有多个研究方向，包括面向个性化出行的路径规划研究、基于算法改进提高搜索效率的研究、基于不同场景的路径规划问题等。

任务 2　图的数据结构

目标与导航

1. 掌握数据结构图的概念。
2. 掌握图的邻接矩阵的表示法。
3. 会用 Python 语言将地图存储为数字地图。
4. 本任务的学习导航参见图 1-5。

图 1-5　学习导航示意图

问题描述

一、数据结构：图

　　数字地图是纸制地图在计算机中的表示方式，是一定坐标系统内具有确定的坐标和属性的地面离散数据。路径规划中基础的地图数据包括各个顶点（节点）以及各个顶点之间的路径数据。例如，在由中山公园到儿童游乐园的数字地图中，整个道路由若干段道路组成，这其中每段道路的起点、终点的数据就是在由上海市地图所确定的坐标系中的地面离散数据。

　　那么，地图数据在计算机中怎么表示呢？一般会采用数据结构"图"来表示。

图是由顶点和顶点之间边的集合组成的，通常表示为：G（V，E），其中，G 表示一个图，V 是图 G 中顶点的集合，为非空集合，E 是图 G 中边的集合。

图一般使用圆圈表示顶点，使用线段表示边，一条边连接两个不同的顶点。根据边的分类，图可以分为有向图和无向图。

1. 无向图

在无向图中，任意两个顶点之间的边都是无向边，它就像双向车道一样可以互相到达，而且两个顶点是没有区别的。无向边一般用"（ ）"表示。例如，当顶点 V 到 U 含有一条无向边，就画一条线段从 V 到 U，用（V，U）表示。

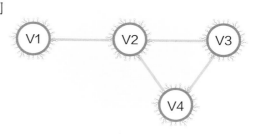

图 1-6　无向图 G（V，E）

在图 G（V，E）中，顶点共有 4 个，分别为 V1，V2，V3，V4（参见图 1-6），图 G 中的顶点集合表示为：

V（G）={V1，V2，V3，V4}

边共有 4 条，每条边以两个顶点记录，分别为（V1，V2），（V2，V3），（V2，V4），（V3，V4）。图 G 中的边集合表示为：

E（G）={（V1，V2），（V2，V3），（V2，V4），（V3，V4）}

2. 有向图

在有向图中，任意一条边都是有向边（弧），就像公路的单行道一样，只能从一个顶点到另一个顶点。有向边一般用"<>"表示。例如，当顶点 V 到 U 含有一条有向边，就画一个箭头从 V 指向 U，用 <V，U> 表示，其中 V 称为弧尾，U 称为弧头。

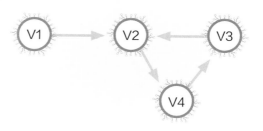

图 1-7　有向图 G1

在图 G1（V，E）中，顶点包括 V1，V2，V3，V4（参见图 1-7）。图 G1 中的顶点集合表示为：

V（G）={V1，V2，V3，V4}

边共有 4 条，根据有向图的边的记录方式，分别为 <V1，V2>，<V3，V2>，<V2，V4>，<V4，V3>。图 G 中的边集合表示为：

E（G）={ <V1，V2>，<V3，V2>，<V2，V4>，<V4，V3> }

在有向图中，出度表示以此顶点为起点的边的数目，入度表示以此顶点为终点的边的数目。

二、图的邻接矩阵表示法

图模型只是逻辑模型。在计算机中实现时，图通常用邻接矩阵和邻接表这两类存储结构加以实现。本项目中主要使用邻接矩阵实现存储。

1. 邻接矩阵

图存在节点集合和边集合，邻接矩阵采用了相应的 2 个数组进行存储。其中，一维数组存储顶点信息，二维数组存储边的信息。

在顶点数组中，可直观展现图中所有的顶点。

在边数组中，左面的顶点为边的起点，上方的顶点表示边的结束。二维数组中的元素用 0，1 表示。0 表示边并不存在，1 表示存在边。二维数组的对角线为 0，因为不存在顶点到自身的边（参见图 1-8）。

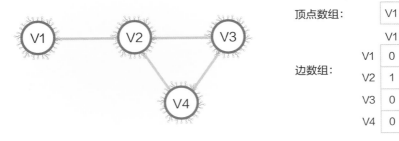

图 1-8　图 G 的邻接矩阵表示

2. 有权值的邻接矩阵

权值为一条边的权重。在地图的数据结构中，权值一般可以表示为两个顶点之间的距离。对于有权值图，二维数组中不再使用 0 和 1 表示是否存在边，而是使用权值。不存在的边，

权值记录为∞（直观的理解是当两个顶点之间不存在边时，其间的距离等价于无穷远）；对角线上的权值为 0（参见图 1-9）。

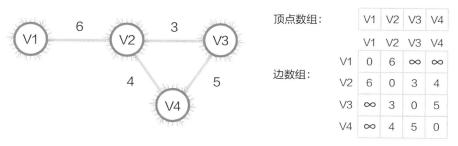

图 1-9　有权值图 G2 的邻接矩阵表示

3. 计算机中图的表示

Python numpy 模块可用来存储和处理大型矩阵，因而可表示邻接矩阵存储的交通网络有向网。图 G2 可以创建 4×4 的二维数组 A[ ][ ]（参见图 1-10）。

	V1	V2	V3	V4	
V1	0	6	∞	∞	第一行数据
V2	6	0	3	4	第二行数据
V3	∞	3	0	5	第三行数据
V4	∞	4	5	0	第四行数据

A = [[0 , 6 , 0 , 0] , [6 , 0 , 3 , 4] , [0 , 3 , 0 , 5] , [0 , 4 , 5 , 0]]

　第一行数据　　　第二行数据　　　第三行数据　　　第四行数据

图 1-10　地图数据在计算机中的存储形式

 **实践体验**

实践内容：为了寻找中山公园到儿童游乐园的最短路径，我们需要建构上海市的数字地图，各段道路以及坐标的数据，因而需要测量上海市的各条道路数据。方便起见，我们构建了

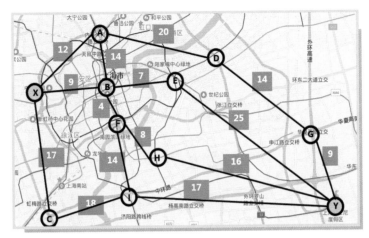

图 1-11　仿真地图的图形示意

中山公园（X）到儿童游乐园（Y）的仿真地图，顶点 A、B 等字母为沿途可能经过的顶点。若两顶点之间可以通行，则用实线连接。两顶点的估计距离为对应实线上的数据，如图 1-11 所示。请在 Jupyter 平台中利用邻接矩阵将该仿真地图存储为数字地图。

实践准备： 计算机一台，需要安装 Python 和 Jupyter 编译器。

实践步骤：

1. 明确存储数据。仿真地图中包括顶点信息 (X，A，B，C，D，E，F，G，H，I，Y) 以及各边对应的权值。

2. 邻接矩阵表示。一维数组表示各个顶点信息：X，A，B，C，D，E，F，G，H，I，Y。二维数组表示边信息（参见表 1-1）。

表 1-1

	X	A	B	C	D	E	F	G	H	I	Y
X	0	12	9	17	∞	∞	∞	∞	∞	∞	∞
A	12	0	14	∞	20	∞	∞	∞	∞	∞	∞
B	9	14	0	∞	∞	7	4	∞	∞	∞	∞
C	17	∞	∞	0	∞	∞	∞	∞	∞	18	∞
D	∞	20	∞	∞	0	∞	14	∞	∞	∞	∞
E	∞	∞	7	∞	∞	0	∞	∞	∞	∞	25
F	∞	∞	4	∞	∞	∞	0	∞	8	14	∞
G	∞	∞	∞	14	∞	∞	∞	0	∞	∞	9
H	∞	∞	∞	∞	∞	∞	8	∞	0	∞	16
I	∞	∞	∞	18	∞	∞	14	∞	∞	0	17
Y	∞	∞	∞	∞	25	∞	9	16	17	0

3. 构造算法

将每一行的代码作为一个集合，每一行的数据集合用","隔开。

```
weigh_graph =[[0,12,9,17,0,0,0,0,0,0,0],
            [12,0,14,0,20,0,0,0,0,0,0],
            [9,14,0,0,0,7,4,0,0,0,0],
            [17,0,0,0,0,0,0,0,0,18,0],
        [0,20,0,0,0,0,0,14,0,0,0],
        [0,0,7,0,0,0,0,0,0,0,25],
        [0,0,4,0,0,0,0,0,8,14,0],
        [0,0,0,0,14,0,0,0,0,0,9],
        [0,0,0,0,0,8,0,0,0,0,16],
        [0,0,0,18,0,0,14,0,0,0,17],
        [0,0,0,0,0,25,0,9,16,17,0]
]
# 创建二维数组 weight_graph，并赋值
```

实践评价：

知识与技能	掌握程度		
	初步掌握	掌握	熟练掌握
图的概念			
有向图和无向图			
图的邻接矩阵表示			
图的邻接矩阵实现			
任务评价			

（请在选择处打"√"）

拓展活动：

许多社交媒体都会提供用户关注的相关功能。用户关注包含了两方面：用户之间的关注和关注度，这就可以用有向图来表示。请利用邻接矩阵表达图 1-12 所示的用户关注情况，并用算法实现。

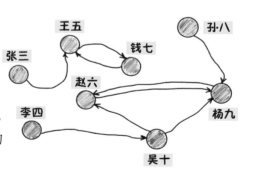

图 1-12 用户关注图

任务 3　无权值图上的路径规划

目标与导航

1. 掌握无权图路径规划的方法。

2. 掌握广度优先算法的基本思想和计算步骤。

3. 本任务的学习导航参见图 1-13。

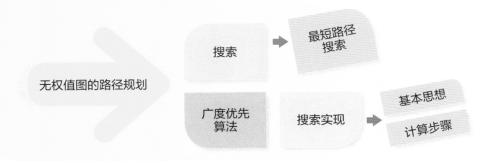

图 1-13　学习导航示意图

一、最短路径搜索

搜索是指从图中的初始顶点（起点）出发，沿着与之相连的边试探着前进，寻找目标顶点或可解顶点的过程。按照搜索策略的不同，搜索分为两类：①穷举搜索：无向导的搜索；②启发式搜索：也叫有信息搜索，利用"启发式信息"来引导搜索，达到缩小搜索范围、降低计算复杂度的目的。

最短路径搜索问题主要是找到地图上起点到终点的最短路径行驶方案。这类问题一般为搜索点对点之间的最短路，但也有多种类型：单源最短路径搜索、多源最短路径搜索等。输出结果也包括一条最短路径或是最短路径距离。

在本项目中主要讨论单源最短路径搜索问题。例如，在图 G2（V，E）中，其中每条边的权是一个实数，给定 V1 为起点，那么求解该顶点到其他顶点的最短路径长度（长度就是指路上各边权之和）的问题就是单源最短路径问题。最短路径搜索问题的解参见图 1-14，路径搜索的解包括搜索路径和距离总和。

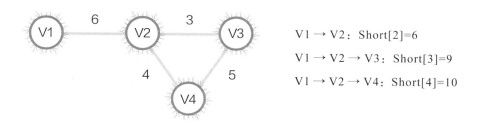

图 1-14　图 G2 的最短路径搜索

二、队列

队列是一种线性表。它允许在表的一端插入数据，在另一端删除元素。插入元素的这一端称之为队尾，删除元素的这一端称为队首。队列的特性为：①在队尾插入元素，在队首删除元素；②先进先出，和排队取票一样（参见图 1-15）。

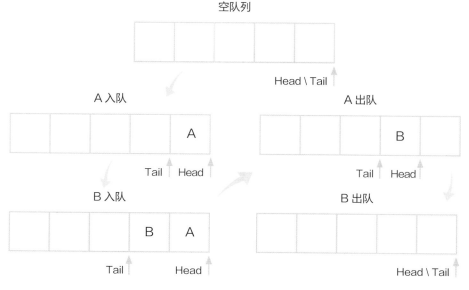

图 1-15　队列

三、路径规划算法

路径规划算法作为路径规划问题的核心，经历了从传统算法到之后的基于图的算法，再到后来的启发式算法、仿生类算法的演变。目前，典型算法有：模拟退火算法、迪杰斯特拉算法及其改进算法、弗洛伊德算法、栅格法、蚁群算法、神经网络算法等。

四、广度优先搜索算法

广度优先搜索算法（简称"广度优先算法"，Breadth First Search，缩写"BFS"），也称宽度优先搜索，是 20 世纪 50 年代末60 年代初发明的针对图和树的遍历算法。这是一种盲目搜索算法，目的是系统地展开，并检查图中所有的顶点以找寻结果。它并不考虑结果的可能位置，而是彻底地搜索整张图，直到找到结果为止。最初用于解决迷宫最短路径和网络路由等问题。

广度优先算法主要是面向无权图，目的在于求解最短路径或者最短步数。广度优先算法以一种系统的方式探寻图的边，从而找到顶点所能到达的所有顶点，并计算起点 s 到其他所有顶点的距离，即最少边数。该算法对有向图和无向图同样适用。

广度优先算法需要使用队列（queue）来实施算法过程，它的操作步骤如下：

1. 把起点放入队列。

2. 重复搜索步骤，直到队列为空或满足约束条件为止（参见图 1-16）。

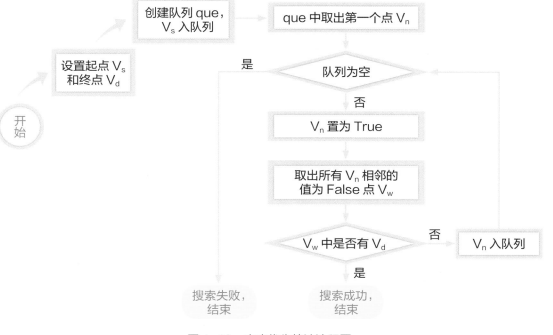

图 1-16 广度优先算法流程图

实践体验

实践内容：如图 1-17 所示，小吴现在想从 X 地前往 Y 地，但是 X 地到 Y 地并没有直达的方式。小吴想选择相对少的换乘路线，应该怎么来规划他的行程呢？请利用广度优先算法帮他求出最合适的路径。

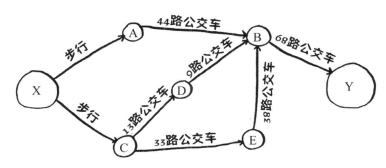

图 1-17 广度优先算法实践示例

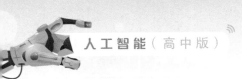

实践准备：需要一台装有 Python 和 Jupyter 的电脑。

实践步骤：

1. 创建地图。

（1）明确存储数据，包括顶点信息（X，A，B，C，D，E，Y）以及顶点之间的关系。

（2）邻接矩阵表示。

一维数组表示各个顶点信息：X，A，B，C，D，E，Y。

二维数组表示边信息（参见表 1-2）：

表 1-2

	X	A	B	C	D	E	Y
X	0	1	∞	1	∞	∞	∞
A	∞	0	1	∞	∞	∞	∞
B	∞	∞	0	∞	∞	∞	1
C	∞	∞	∞	0	1	1	∞
D	∞	∞	1	∞	0	∞	∞
E	∞	∞	1	∞	∞	0	∞
Y	∞	∞	∞	∞	∞	∞	0

创建地图伪代码如下所示：

```
地图 = [
    [0,1,0,1,0,0,0],
    [0,0,1,0,0,0,0],
    [0,0,0,0,0,0,1],
    [0,0,0,0,1,1,0],
    [0,0,1,0,0,0,0],
    [0,0,1,0,0,0,0],
    [0,0,0,0,0,0,0]
    ]
```

2. 数据定义及赋值。

定义图、起点、终点、顶点个数、队列，标记顶点，计算路径，伪代码如下。

```
def bfs( 地图 , 起点 , 终点 ):
    定义 图 = 地图
    定义 开始节点 = 起点
    定义 结束节点 = 终点
    定义 图的节点个数

创建队列 que
创建标记节点队列 book
定义 步长 point_step_dict
```

3. 搜索主体。

```
tail<--0
head<--0
que[tail] <-- 开始节点
tail += 1
book[ 开始节点 ] <--1
队列 que 的第一个值 <-- 开始节点

While head 小于 tail：
节点 cur<-- 队列队头
for i in range（节点个数）：
if 节点 cur 到节点 i 有边 and book[i] 未被查过：
que[tail] <-- i
tail += 1
book[i] <--1
point_step_dict[i] <--head + 1
if tail == 节点个数：
break
head += 1
```

4. 输出结果。

```
for i in range(tail):
    输出队列 que[i]
```

结果是：XABY

实践评价：

知识与技能	掌握程度		
	初步掌握	掌握	熟练掌握
最短路径搜索			
广度优先算法的基本思想			
广度优先算法的计算步骤			
算法实现			
任务评价			

（请在选择处打"√"）

拓展活动：

  迷宫问题一般可以用广度优先算法解决。迷宫可以用一个二维数组来定义，数组中每个元素都是一个顶点。1 表示迷宫的墙壁，0 表示可以通过的路。同时规定只可以横着走或竖着走。

  在下面的 5×5 的迷宫中，黑色部分表示墙壁，白色部分表示可通行的道路，左下角和右下角各为迷宫的进口和出口。请用广度优先算法找到最短的路径：

  1. 用邻接矩阵表示图 1-18 中的迷宫。

  2. 采用广度优先算法输出图 1-18 中的迷宫从入口到出口的路径。

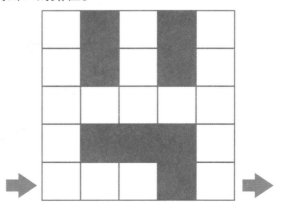

图 1-18　迷宫问题

任务 4　有权值图上的路径规划

 目标与导航

1. 掌握迪杰斯特拉算法的基本思想和计算步骤。
2. 本任务的学习导航参见图 1-19。

图 1-19　学习导航示意图

问题描述

　　边是有权值的，而权值可为正数或负数。迪杰斯特拉算法有正权限制，因为该算法是将目前的最短路添加到集合中，相当于下一次最短路径必须长于之前添加的最短路径。若存在负权边，那么已求得的集合加上负权值必然小于原先求得的值，由此便可能得不到正确的结果。求带负权值边的单源最短路径可以用贝尔曼 – 福特算法。

一、迪杰斯特拉算法分析

　　迪杰斯特拉算法是由荷兰的科学家艾兹格·迪杰斯特拉（Edsger Dijkstra）提出的。该算法使用了广度优先算法，解决赋权有向图或者无向图的单源最短路径问题，最终得到一个最短路径树。

迪杰斯特拉算法采用的是一种贪心策略，它的基本思想是：把图中所有顶点分成两组。第一组集合 S 用于存放已经确定最短路径的顶点，初始时只含有起点。第二组 V-S=T 用于存放尚未确定的顶点集合。按路径长度递增的顺序计算起点到各顶点的最短路径，把第二组中的顶点逐个加到第一组中去，直至 S=V。

迪杰斯特拉算法主要处理的是有向图中顶点和顶点之间的权值，得到起点到终点的最短路径。以起点开始搜索，寻找离当前点最近的顶点，并更新距离长度。

（1）初始时，S= ∅。

（2）对于 i 属于 V-S，计算 1 到 i 的相对 S 的最短路，长度 dist[i]。

（3）选择 V-S 中 dist 值最小的 j，将 j 加入 S，修改 V-S 中顶点的 dist 值。

继续上述过程，直到 S=V 为止，完成计算（参见图 1-20）。

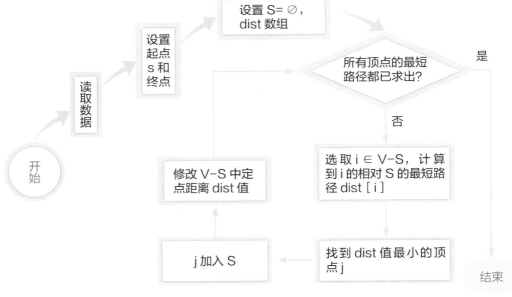

图 1-20　迪杰斯特拉算法流程图

二、案例分析

在下面的仿真地图中，共有 5 个顶点，各个顶点由实

线连接，顶点之间的距离参见图 1-21。假设要求顶点 1 到顶点 5 的最短路径，应如何使用算法处理呢？

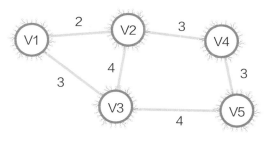

图 1-21　迪杰斯特拉算法示例

用一维数组 dist 来存储 1 号顶点到其余各个顶点的初始路程，此时 dist 数组中的值称为最短路的"估计值"：

	1	2	3	4	5
1	0	2	3	∞	∞

1. 需要求得 1 号顶点到其余各个顶点的最短路程

通过数组 dist 可知，离 1 号顶点最近的是 2 号顶点。当选择了 2 号顶点后，dist[2] 的值就已经从"估计值"变为了"确定值"，即 1 号顶点到 2 号顶点的最短路程就是当前 dist[2] 值。

2. 要确定顶点 2 的出边

顶点 2 有 2−>3 和 2−>4 这两条边。首先，讨论通过 2−>3 这条边能否使顶点 1 到顶点 3 的路程变短。这要比较 dist[3] 和 dist[2]+e[2][3] 的大小。其中 dist[2] 表示 1 号顶点到 2 号顶点的路程，dist[3] 表示 1 号顶点到 3 号顶点的路程，e[2][3] 表示 2−>3 这条边。dist[2]+e[2][3] 就表示从 1 号顶点先到 2 号顶点，再通过 2−>3 这条边，到达 3 号顶点的路程。

3. 更新 dist[] 数组的值

根据前一步骤，dist[3]=3，dist[2]+e[2][3]=2+4=6，dist[3]<dist[2]+e[2][3]，因此 dist[3] 要更新为 3。1 号顶点到 3 号顶点的路程即为 dist[3]，通过 2−>3 这条边松弛成功。

同理通过 2−>4（e[2][4]），可以将 dist[4] 的值从 ∞ 松弛为 5（dist[4] 初始为 ∞，dist[2]+e[2][4]=2+3=5，dist[4]>dist[2]+e[2][4]，

因此 dist[4] 更新为 5）。

顶点 2 的所有出边都完成了计算后，dist 数组为：

	1	2	3	4	5
1	0	2	3	5	∞

接下来，继续在剩下的顶点 3、4、5 中，选出离 1 号顶点最近的顶点。通过上面更新过的 dist 数组，当前离 1 号顶点最近的是 3 号顶点。此时，dist[3] 的值已经从"估计值"变为了"确定值"。下面继续对 3 号顶点的所有出边（3->5）用刚才的方法进行计算。最后对 5 号顶点的所有出边进行松弛。因为这个例子中 5 号顶点没有出边，因此不用处理。到此，dist 数组中所有的值都已经从"估计值"变为了"确定值"。最终 dist 数组如下，这便是 1 号顶点到其余各个顶点的最短路径。

	1	2	3	4	5
1	0	2	3	5	7

实践体验

实践内容： 使用迪杰斯特拉算法找出从起点中山公园 X 到终点儿童游乐园 Y 的最短路径（仿真地图参考图 1-11）。

实践准备： 需要一台装有 Python 和 Jupyter 的电脑。

实践步骤：

1. 读取地图数据。

2. 设置起点 X 和终点 Y。

```
起点 = 0
终点 = 10
```

注意：起点编号为 0，依次类推。

3. 初始化数据。

```
创建 与地图的数据长度相同的集合 vertices
创建 path 数组
创建 dist 数组
```

当前节点 <-- 图的起点
遍历节点 <-- 空
未被检查的点集合 <-- vertices
Orders<--[起点]

4. 迪杰斯特拉核心运算。

从起点 X 开始，寻找 X 到 Y 的最短路径。此时离 X 最近的顶点为 A，值为 12。将 A 加入确定最短顶点的数组中，并重复这个过程。

	X	A	B	C	D	E	F	G	H	I	Y
X	0	12	9	17	∞	∞	∞	∞	∞	∞	∞

伪代码表示如下：

```
while 终点 in 未被检查顶点
    for j in 未被检查的顶点
        if path[j] 小于 path[ 当前顶点 ]+ 图 [ 当前顶点 ][j]
            Path[j] 值不变
        else:
            Path[j]= path[ 当前顶点 ]+ 图 [ 当前顶点 ][j]
    未被检查的顶点集合移除当前顶点
    # 打印未被检查的集合

for index,value in enumerate(weigh_graph[current_node]):
if 存在当前顶点到终点的边比原有的权值小：
更新权值数组及对应路径
Orders<-- 当前顶点
if 当前顶点等于终点：
        break
```

5. 输出结果。

[0, 2, 6, 8, 10]

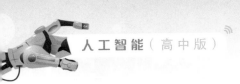
实践评价：

知识与技能	掌握程度		
	初步掌握	掌握	熟练掌握
迪杰斯特拉算法的基本思想			
迪杰斯特拉算法的计算步骤			
算法实现			
任务评价			

（请在选择处打"√"）

拓展活动：

本任务模拟了计算机运用迪杰斯特拉算法找到两地之间的最短路径的过程，但实际上该算法提供的路径并不是最优的路径，这是因为此行车路径要经过市区，而往往市区面临堵车、红绿灯的概率更高。其他的行车路径虽然距离比较长，但是交通路况并不拥堵，所以从出发地到达目的地的时间会更快。

行车耗费包括行驶时间、油耗、公路情况等，受到交通状况等因素（如红绿灯等）的影响，人往往更在意行驶时间，即当我们想要最快到达目的地时，一般会选择时间最短的行车方案。准确的行驶时间会大大提升人们使用无人驾驶导航的满意度。

那么，行车路径的选择会有哪些影响因素呢？请同学们讨论，找出这些影响因素。

1. 你认为无人驾驶的汽车在行车过程中要遵循哪些原则？

2. 请把行车耗费的影响因素填写在表 1-3 中。

表 1-3

行车耗费	影响因素
行驶时间	
油耗	
公路情况	

3. 请用公式表达出行耗费。

4. 任务：根据路径耗费优化路径搜索流程图。

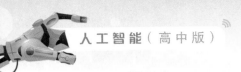

>> 知识链接

一、路径规划的拓展

随着移动网络与智能移动终端的发展，定位服务在路径规划中也占据着十分重要的地位。定位服务的三大目标为：你在哪里，你和谁在一起，附近有什么资源。其中核心为"你在哪里"。定位服务可以提供精准的位置信息，如建筑物出入口，比常规算法能够提供更加具有体验感的规划路线。

二、遍历

遍历（traversal），是指沿着某条搜索路线，依次对叉树中每个顶点均做一次且仅做一次访问。访问顶点所做的操作依赖于具体的应用问题。遍历是二叉树上最重要的运算之一，是二叉树上进行其他运算的基础。当然遍历的概念也适合于多元素集合的情况，如数组。

>> 总结与评价

能否将广度优先算法应用在有权值图上的最短路径规划，为什么？

如果使用迪杰斯特拉算法对有负权值的图进行最短路径规划，会出现什么结果？

知识与技能	自评与他评		
	自评	同学评	教师评
路径规划是什么			
图的数据结构			
无权值图上的路径规划			
有权值图上的路径规划			
项目总评			

>> 科技前沿

路径规划技术与智能物流

规划技术起源于 20 世纪 60 年代，是人工智能的一个重要领域。近几年，路径规划技术在机器人机械臂、飞行器航迹、地图检索等领域得到了蓬勃发展，并且应用得越来越成熟。随着电子商务的发展，路径规划技术的应用也变得更贴近人们的生活，如智能物流解决了人力和土地成本快速上涨的问题，极大地提高了物流效率。

智能物流是基于地图的服务，图上可以输入并管理订单信息、网点信息、送货信息、车辆信息、客户信息等数据，实现网点标注、片区划分、规划物流配送以及包裹监控与管理。当一

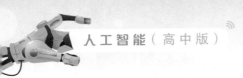

个订单进入智能物流的网中，首先会识别订单的条形码身份，然后通过智能物流系统的计算，为其规划它应该投递的片区、网点，通过运输轨道被逐步分配到省、区、县以及街道，然后实现"最后一公里"的配送，最终安全到达收件人的手中。

路径规划技术已经在生产流水线调度、军需人员和物资的运输、机器人的控制，特别是在航空领域展现了巨大的应用前景。也许有一天，我们身处一个数据高度发达的世界，每个人都有一张可以识别身份、告知来去的卡片，有一台可以自动运行的智能交通工具和一条安全无虞的通道，任我们畅通无阻地到达想去的地方。在这张美好的智慧交通蓝图中，我们可以充分感受到路径规划技术的贡献和魅力。

>> 拓展性议题

旅行商问题

旅行商问题（Traveling Salesman Problem，简称"TSP"），是一个经典的组合优化问题：一个商品推销员要去若干个城市推销商品，他从一个城市出发，需要经过所有城市后回到出发地，如何选择行进路线，以使总的行程最短？另一个类似的问题为：一个邮递员从邮局出发，到所辖街道投邮件，最后返回邮局，如果他必须走遍所辖的每条街道至少一次，那么他应该如何选择投递路线，使所走的路程最短？

假设有 A、B、C、D 四个城市，各城市的关系如图 1-22 所示，权值表示两个城市之间的距离。请你运用相关算法来解决这个"旅行商问题"。

请你想一想，对旅行商问题的求索，对于我们解决繁忙交通路口的拥堵问题、节假日旅游观光客集聚分流问题，甚至医院急救通道的辟建问题等是否会有一些启发呢？

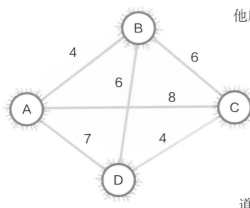

图 1-22　旅行商问题

项目二

听懂人话的汽车

提示：从与车载语音设备对话入手，解析语音识别背后人工智能技术的秘密。项目通过傅里叶变换将音频从时域信号转换为频域信号；通过三角滤波等进行特征提取，得到梅尔频率倒谱系数；通过 GMM+HMM 等实现语音识别；通过孤立词语音识别模型的搭建增强学生的体验。

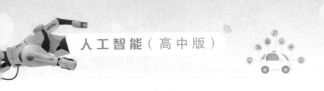
>> 情境导入

星期天的早上，小吴要送女儿去学习钢琴。他和女儿萱萱来到停车库，跟自己的爱车打招呼："大黑，早上好！"大黑听出是主人到来，眨了眨"眼睛"，马上打开车门，发动了车子。

"吴哥，早上好！我们去哪儿？"大黑主动问道。

"先送我女儿去幼儿活动中心，然后送我到市乒乓球馆。"

"好的。请坐好并系好安全带！"待他们准备好之后，大黑"嗖"的一声按照车载导航给出的一条最畅通的道路，飞驰而去……

同学们，你也许从科幻影视作品中看到过这样的情景：机器人不仅能够听懂人说的话，还能听得懂人想要表达的意思，甚至像人一样进行"思考"后选择词语与人进行交流。今天，通过人工智能的语音识别技术，不仅大黑可以轻松自如地与主人对话，你只要认真学习这个项目的内容后，也可以跟自己的电脑对话呢！

>> 需求分析

从与车载语音设备对话入手，体验人与计算机对话的过程，了解并掌握人工智能语音技术所涉及的主要算法和相应的代码实现，如通过傅里叶变换将音频从时域信号转换为频域信号；通过三角滤波、对数变换和离散余弦变换等进行语音特征提取，得到梅尔频率倒谱系数；通过高斯混合模型和隐马尔科夫模型实现孤立词语音识别等。其中理解语音的本质和频率特征、对语音特征的提取并简化是学习的重点和难点，而孤立词语音识别模型的搭建是一个增强体验的有趣实验。

>> 项目描述

本项目学习可以参考图 2-1，也可以根据学情自行设计。
本项目分为四个学习任务。

任务 1 语音识别的体验
任务 2 语音编码和语音特征
任务 3 语音的特征提取
任务 4 搭建孤立词语音识别模型

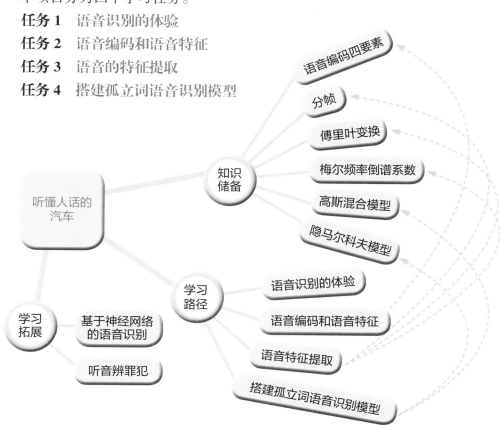

图 2-1 项目二学习路线图

任务 1　语音识别的体验

1. 理解语音识别的概念。

2. 通过调用第三方库实现语音识别。

3. 体会语音识别的应用。

4. 本任务的学习导航参见图 2-2。

图 2-2　学习导航示意图

　　语音识别，也称为自动语音识别、计算机语音识别或语音转文本识别，其目标是计算机自动将人类的语音内容转换为相应的文字。语音识别技术的应用包括语音拨号、语音导航、设备控制、语音文档检索、听写数据录入、语音到语音的翻译等。语音识别所涉及的领域包括信号处理及特征提取、声学模型、语言模型、解码器等。

实践内容： 通过 AI 线上模块实现语音识别。

实践准备：

硬件：带麦克风并且能上网的电脑。

软件：Python 运行环境、Python 集成开发环境 PyCharm 等。

实践步骤：

1. 打开一个线上语音识别平台，登录账号（参见图 2-3）。

图 2-3　线上 AI 控制台

2. 点击"创建应用"，获得 AppID、API Key、Secret Key（参见图 2-4）。

图 2-4　创建线上 AI 应用

3. win+r 输入 cmd，打开命令行，输入：pip install baidu-aip，安装线上 AI 模块。本项目主要用到以下几个文件。

（1）PyAudio_Record.py：语音录制模块。

（2）yuyinshibie.py：线上语音识别 API 模块。

输入：语音。

输出：识别出的文字。

（3）main.py：调用上面准备好的两个功能模块，实现语音识别。

```
import PyAudio_Record
import yuyinshibie as yysb
import time
while True:
    PyAudio_Record.wwav()
    time.sleep(1)
    yysb.shibie()
    time.sleep(1)
```

4. 运行程序 main.py 进行语音识别，尝试对着话筒说"人工智能极大地改变了人们的生活"，仔细观察识别结果。

实践评价：

知识与技能	掌握程度		
	初步掌握	掌握	熟练掌握
Python 运行环境			
Python 编程环境			
线上 AI 模块安装应用			
语音识别程序调试			
语音识别程序运行效果			
任务评价			

（请在选择处打"√"）

拓展活动：

将课堂上的语音识别程序进行扩展，用声音控制键盘的输入和鼠标的移动、点击等。

任务 2 语音编码和语音特征

 目标与导航

1. 理解语音的本质。
2. 掌握语音编码的四个要素。
3. 理解语音的频率特征。
4. 本任务的学习导航参见图 2-5。

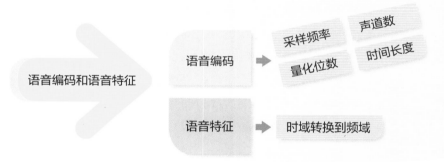

图 2-5　学习导航示意图

问题描述

　　语音信号是一种连续的模拟信号。计算机处理语音需要对语音进行数字化（或称编码），语音数字化后就变成了离散数据。语音数字化有四个要素：采样频率、量化位数、声道数和时间。图 2-6 所示是一个量化位数为 4 位的声音采样示意图（图中的黑色点为采样点，括号内的数字为二进制采样点对应的十进制数）。

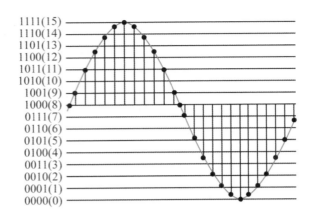

图 2-6　声音采样示例

一、采样频率

采样频率是指录音设备在 1 秒钟内对声音信号的采样次数。采样频率越高，声音的还原就越真实、越自然。在当今的主流采集卡上，采样频率一般分为 22.05 kHz、44.1 kHz、48 kHz 三个等级。

5 kHz 的采样频率仅能达到人们讲话的声音质量。

11 kHz 的采样频率是播放小段声音的最低标准，是 CD 音质的四分之一。

22 kHz 采样频率的声音可以达到 CD 音质的一半，目前大多数网站都选用这样的采样率。22.05 kHz 可以达到 FM 广播的声音品质。

44 kHz 的采样频率是标准的 CD 音质，可以达到很好的听觉效果。48 kHz 则更加精确一些。对于高于 48 kHz 的采样频率，人耳已无法辨别出来了。

二、量化位数

量化位数可以理解为采集卡处理声音的解析度。这个数值越大，解析度就越高，录制和回放的声音就越真实。量化位数也可以理解为采集卡在采集和播放声音文件时所使用数字声音信号的二进制位数。量化位数客观地反映了数字声音信号对输入声音信号描述的准确程度。4 位量化位数代表 2 的 4 次方，

即 16 个刻度；8 位量化位数代表 2 的 8 次方，即 256 个刻度；16 位量化位数代表 2 的 16 次方，即 65536 个刻度。

三、声道数

声道分为单声道（即一个声道），立体声（即两个声道），以及多声道。声道多了，还原效果会更好。两个声道，说明左、右两边有声音传过来。四声道，说明前、后、左、右都有声音传过来。

四、时间

这里的时间指的是声音的长度。

语音信号是由不同频率、相位和强度的正弦波叠加而成的。任何给定的语音信号，它的频谱都是不同的。通过分析声音的频谱，可以得到很多有意义的信息，如不同的语音内容、不同的说话人等。所以为了分析语音信号，需要对语音进行频域上的转换。

 实践体验

实践内容： 熟悉语音的编码及语音的特征。

实践准备：

硬件：带麦克风并且能上网的电脑。

软件：Python 运行环境、Python 集成开发环境 PyCharm 等。

实践步骤：

1. 认识语音四要素。

用 Adobe Audition 软件录制语音"你好"，可以看到，语音是一段波形（参见图 2-7）。

从图 2-7、图 2-8 上，我们可以看到这一段声音的四个属性如下：

时长：0.307 秒。

声道数：1，即单声道。

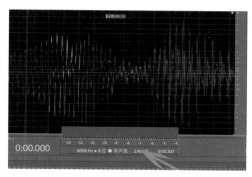

图 2-7 语音四要素

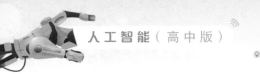

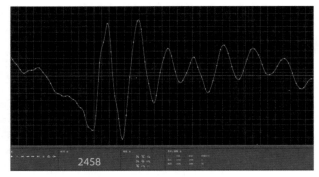

图 2-8　声音数据图示

　　采样频率：8000 Hz，将时长与采样频率相乘，得到 2458，即这段声音文件中总共有 2458 个数据。

　　量化位数：8 位，它是一个数据点可以表示的数据范围，8 位二进制可以表示的范围是 [0,255]，它决定了这一点上声音量化的准确程度。

　　用 Hex Editor Neo 打开这一段语音，开头的部分数据表示如下：

```
130 129 130 128 129 129 129 128 129 127 128 127 127
127 126 127 125 124 124 125 125 125 125 125 125 126
126 127 128 129 130 130 132 133 134 134 134 135 136
137 136 137 135 136 136 134 133 131 129 128 126 124
121 119 116 114 113 110 110 109 108 108 108 109 111
113 116 118 122 126 130 134 138 143 147 151 155 157
160 160 162 161 160 158 156 152 148 145 140 135 129
123 118 111 107 101 141 149 154 159 163 165 167 170
170 168 166 165 161 157 153 150 145 141 136 132 129
124 122 120 118 115 116 116 116 117 118 118 118 119
119 118 116 114 111 108 105 103 100 98 98 98 100 99
103 107 111 116 121 126 132 136 141 146 148 151 154
158 159 160 163 165 165 164 164 163 160 158 154……
```

　　可以看出，声音文件本质上是一个数据序列。上面录制的一段 0.307 秒的语音，是由 2458 个数据组成的一个序列。

　　2. 用 Python 实现语音信号可视化（随机选取一个声音文件）。

　　（1）创建一个 Python 文件，并导入以下 Python 包。

```
import numpy as np
import matplotlib.pyplot as plt
from scipy.io import wavfile
```

（2）用 wavfile.read 方法读取输入的语音文件，这个方法会返回采样频率和语音信号内容两个值。

```
sampling_freq, signal = wavfile.read('random_sound.wav')
```

（3）输出声音信号的离散数据总数、数据类型和持续时间（参见图 2-10）。

```
print('\nSignal shape:', signal.shape)
print('Datatype:', signal.dtype)
print('Signal duration:', round(signal.shape[0] /
float(sampling_freq), 2), 'seconds')
```

（4）对声音信号的区间进行处理。

本段声音信号量化位数为 16 位，int16 的取值范围是 -2^{15}~（$2^{15}-1$），为了归一化到 [-1,1]，需要除以 2^{15}。

```
signal = signal / np.power(2, 15)
```

（5）从声音信号的数据中提取前 50 个数据进行作图。

```
signal = signal[:50]
```

（6）将声音信号图像的横坐标单位设置为毫秒。

```
time_axis = 1000 * np.arange(0, len(signal), 1) / float(sampling_freq)
```

（7）画出声音信号的图像（代码略）（参见图 2-9）。

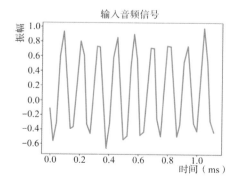

图 2-9　声音信号图像示意

图 2-9 显示了声音信号的 50 个采样数据，控制台的输出参见图 2-10。

```
Signal shape: (132300,)
Datatype: int16
Signal duration: 3.0 seconds
```

图 2-10　控制台的输出图示

上面控制台输出的内容显示了从声音信号中提取的信息：总共 132300 个样本数据，量化位数是 16 位，声音时长为 3.0 秒。

3. 把语音信号从时域转换成频域表示。

人耳能听到的声音的频率范围大约是 20 Hz~20000 Hz。为了分析语音信号，我们需要通过傅里叶变换把时域信号转换为频域信号。

（1）创建一个 Python 文件，导入以下 Python 包。

```
import numpy as np
import matplotlib.pyplot as plt
from scipy.io import wavfile
```

（2）用 wavfile.read 方法读取输入的语音文件，这个方法会返回采样频率和语音信号内容两个值。

```
sampling_freq, signal = wavfile.read('spoken_word.wav')
```

（3）对声音信号的区间进行处理。

```
signal = signal / np.power(2, 15)
```

（4）获得声音信号离散数据的总数。

```
len_signal = len(signal)
```

（5）获得声音信号离散数据总数的一半。

```
len_half = np.ceil((len_signal + 1) / 2.0).astype(np.int)
```

（6）应用傅里叶变换。

```
freq_signal = np.fft.fft(signal)
```

（7）对运算结果进行标准化处理。

```
freq_signal = abs(freq_signal[0:len_half]) / len_signal
```

（8）对运算结果进行平方。

```
freq_signal **= 2
```

（9）得到频率转换后数据的总数。

```
len_fts = len(freq_signal)
```

（10）对傅里叶变换后的信号数据分奇偶两种情况进行调整。

```
if len_signal % 2:
    freq_signal[1:len_fts] *= 2
else:
    freq_signal[1:len_fts-1] *= 2
```

（11）提取出以 dB 为单位的强度信号。

```
signal_power = 10 * np.log10(freq_signal)
```

（12）设置 x 轴，以 kHz 为单位表示频率信号。

```
x_axis = np.arange(0, len_half, 1) * (sampling_freq / len_signal) / 1000.0
```

（13）获取不同频谱上的声音强度图形（代码略）（参见图 2-11）。

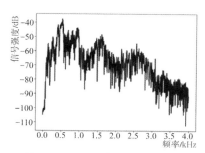

图 2-11　不同频谱上的声音强度

实践评价：

知识与技能	掌握程度		
	初步掌握	掌握	熟练掌握
语音数字化的四要素			
语音信号的可视化			
理解声音的频率特征			
不同频谱上 声音强度的可视化			
任务评价			

（请在选择处打"√"）

拓展活动：

1. 查阅相关资料，生成一个声音信号。

查找资料，利用 Python 中的 Numpy 包生成声音信号并播放。

2. 上面生成的是一段单调的声音，在整个声音信号中只有一个频率。查找资料，把不同的音调串在一起合成音乐，可以用 A，C，G，F 等的标准音调生成音乐，产生一段音乐信号。

提示：声音信号是正弦波的叠加，可以用一些预定义的参数生成一个声音信号。

任务 3　语音的特征提取

目标与导航

1. 理解语音的分帧。

2. 掌握特征向量的提取过程。

3. 理解梅尔频率倒谱系数（简称"MFCC"）特征。

4. 本任务的学习导航参见图 2-12。

图 2-12　学习导航示意图

问题描述

语音识别是如何把语音和文本对应起来的呢？

在计算机中，西文字符与 ASCII 码一一对应，比如"A"对应 65，"B"对应 66……汉字在计算机中也有唯一的编码，比如"计""算""机"三个汉字在计算机中对应的 ANSI 编码分别为：48326、52195、48122。

语音与其对应的文本并没有直接的对应关系。在任务 2 中，文本"你好"对应的语音是 307 ms 的 2458 个数据。另外一个人说"你好"，时长可能比 307 ms 长，也可能比 307 ms 短。即使做到时长相等，两个人说"你好"对应的 2458 个数据

也不可能完全相同。再者，"你好"两个汉字对应 2458 个语音数据（这个数据是以单声道、非常低的采样频率获得的，真实录音数据在几十倍以上），占用超过 2kB 的存储空间，这在实时性要求很高的语音识别中是来不及处理的。

通常按照以下过程提取语音中对语音识别有用的特征。

一、分帧

图 2-13　分帧实例

由于语音信号具有短时平稳性，通常把语音信号截取为一小段来进行处理，这就是分帧（参见图 2-13）。

一个语音信号含有很多帧，为了避免漏掉帧与帧转换过程中的信息，通常这些帧之间有重叠。一般来说，1 帧的长度是 20—50 ms，帧与帧之间的距离是 10 ms，如果帧的长度是 20 ms，那么帧与帧之间就有一半的重叠，1 秒内大约有 100 帧。

任务 2 中的"你好"这段 307 ms 的语音可以分成 30 帧左右，每帧中大约有 81 个数据。不能用每一帧的这 81 个数据直接进行比较，需要通过以下的过程提取每一帧语音数据的典型特征。

二、傅里叶变换

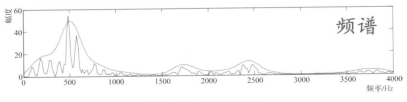

图 2-14　傅里叶变换

语音信号分帧后，对每一帧进行傅里叶变换。傅里叶变换分析一帧信号里的频率成分，包括低频成分、高频成分等，它

得到的结果叫作频谱（图 2-14 中的蓝色部分）。频谱具有精细结构和包络两方面的信息。精细结构就是指一个个波峰。图中的横轴是频率，纵轴是幅度，大约每隔 100 Hz 就会出现一个尖的波峰，这个就叫作精细结构，它反映的是音高。两峰之间的距离叫作基频，反映这个音听起来有多高。

频谱图中还有包络信息。图 2-14 中红色的部分画的是包络。包络是把精细结构忽略掉以后整个频谱的形状。包络图中也有几个峰，在 500 Hz 处有一个高的峰，在 1700 Hz 和 2400 Hz 处有两个小的峰，这些峰叫作共振峰。共振峰的位置反映的是音色，是语音识别中最重要的信息。

三、三角滤波

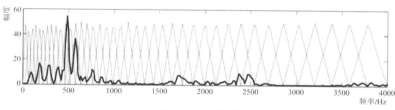

图 2-15　三角滤波

　　三角滤波的作用是忽略精细结构，将自然频谱转化为适合人耳听觉的梅尔频谱。它是在傅里叶变换的基础上进行的。图 2-15 中的粉红色三角形就是一个个三角滤波器，它的运算结果就是每个三角形内部的总能量。如在 500 Hz 附近三角形内部的总能量比较多，所以三角滤波器的输出结果中，12、13 左右的位置上有个比较高的峰，说明第 12 个、第 13 个三角形中的能量比较多。同时从图中可以看出，三角形的分布左边比较密集，右边比较稀疏。之所以这样设计，是对应人耳的听觉特性：人耳对低频声音比较敏感，分辨率比较高，所以要在低频部分多放一些三角形，三角形看起来比较细；在高频部分放的三角形较少，三角形看起来就比较粗。由于三角形可以包含频谱上的多个点，所以精细结构就表现得弱一点儿，不太明显。经过三角变换后的图，称为滤波器组输出（参见图 2-16）。

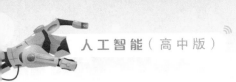

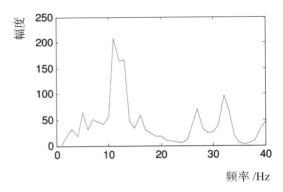

图 2-16　滤波器组输出

它近似模拟了原来的频谱包络，这样就能表示说话人到底发的是哪个音。

四、对数变换和离散余弦变换

滤波器组的输出基本可以作为语音识别的特征。接下来还需要对它作进一步变换——取对数（log）和离散余弦变换（DCT）。对三角滤波器组的输出求对数，可以得到近似于同态变换的结果。离散余弦变换的作用是去除各维信号之间的相关性，将信号映射到低维空间，通常是取 40 个左右的滤波器，把它压缩成更小的规模（参见图 2-17），图上通过压缩，用 13 个点来表示滤波器组输出中 40 个点的大部分信息。这样得到的 13 个点的信息叫作梅尔频率倒谱系数（简称"MFCC"）。

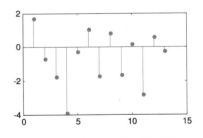

图 2-17　梅尔频率倒谱系数

五、梅尔频率倒谱系数

梅尔频率倒谱系数是语音识别中最常用的语音表示方式。它是根据每一帧频谱数据经过上述一系列数学变换得到的一个

低维的特征向量。梅尔频率是一种特殊的频率刻度，它与普通频率的函数关系为 mel(f) = 1125 × ln (1 + f/700)。梅尔频率刻度下等长的频率区间对应到普通频率下不等长的频率区间：在低频部分分辨率高，高频部分分辨率低。这与人耳的听觉感受是相似的。在每一个频率区间对频谱求均值，它代表了这个频率范围内声音能量的大小。一共有 26 个频率范围，从而得到26 维的特征（参见图 2-18）。

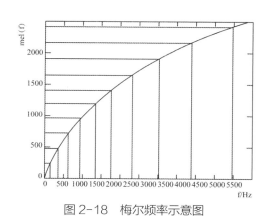

图 2-18　梅尔频率示意图

倒谱（Cepstral）是由上述的 26 维特征再做数学变换得到的，进一步把特征维数降低到 13 维，这样就得到了 MFCC 特征。需要强调的是，这 13 维特征依然反映了音频信号在不同频率范围内的能量大小。

 实践体验

实践内容：语音的特征提取。

实践准备：

硬件：带麦克风并且能上网的电脑。

软件：Python 运行环境、Python 集成开发环境 PyCharm 等。

实践步骤：

1. 在线上平台下载 Python 包：python_speech_features。

2. 编写 Python 程序。

（1）创建一个 Python 文件，导入以下 Python 包。

```
import numpy as np
import matplotlib.pyplot as plt
from scipy.io import wavfile
from python_speech_features import mfcc, logfbank
```

（2）读取输入的声音文件，用开头的 10000 个数据进行分析。

```
sampling_freq, signal = wavfile.read('random_sound.wav')
signal = signal[:10000]
```

（3）提取过滤器特征。

```
features_fb = logfbank(signal, sampling_freq)
```

（4）打印过滤器参数。

```
print('\nFilter bank:\nNumber of windows =', features_fb.shape[0])
print('Length of each feature =', features_fb.shape[1])
```

（5）画出特征图像（代码略）。

（6）提取 MFCC 特征。

```
features_mfcc = mfcc(signal, sampling_freq)
```

（7）打印 MFCC 参数。

```
print('\nMFCC:\nNumber of windows =', features_mfcc.shape[0])
print('Length of each feature =', features_mfcc.shape[1])
```

（8）把 MFCC 参数输出到图像上。

```
features_mfcc = features_mfcc.T
plt.matshow(features_mfcc)
plt.title('MFCC')
```

3. 运行 Python 程序, 得到两幅图像(参见图 2-19 和图 2-20)。

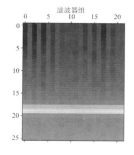

图 2-19　过滤器特征示例

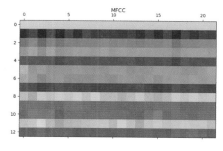

图 2-20　MFCC 特征示例

控制台输出参见图 2-21 和图 2-22, 1 个 "window" 就是 1 帧。

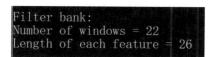

图 2-21　过滤器组信息示例

图 2-22　MFCC 信息示例

实践评价:

知识与技能	掌握程度		
	初步掌握	掌握	熟练掌握
分帧			
傅里叶变换			
三角滤波			
对数变换和离散余弦变换			
编程提取特征向量			
解释过滤器特征和 MFCC 特征			
任务评价			

(请在选择处打 "√")

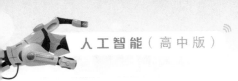

拓展活动：

闻"声"知性别（参见图2-23）。

图2-23 闻"声"知性别

实现过程说明：

1. 准备训练数据：男性语音资料5份，每份1分钟，合计5分钟；女性语音资料5份，每份1分钟，合计5分钟。

2. 准备测试数据：女性发音资料500份，男性发音资料500份，每份发音资料都是10秒钟。

3. 编写Python实现代码。实现过程参见图2-24。

图2-24 闻"声"知性别的实现过程

任务4 搭建孤立词语音识别模型

目标与导航

1. 理解用高斯混合模型（简称"GMM"）拟合多个模板的特征向量分布，并获得待识别语音的观测概率。

2. 理解用隐马尔科夫模型（简称"HMM"）计算帧与帧之间的转移概率。

3. 利用语音和对齐方式的联合概率实现孤立词识别。

4. 本任务的学习导航参见图2-25。

图 2-25 学习导航示意图

问题描述

前面讲了对一帧语音信息所做的处理。一个语音信号往往含有很多帧语音信息，通常这些帧之间有重叠（参见图2-26）。对于每一帧语音信息，都需要进行傅里叶变换，每一帧变换的结果频谱并列起来，得到的图像叫作语谱图。它是一个矩阵，横轴是时间（这里用frame，帧的编号来表示），纵轴是频率，图像上的颜色表示这个时间、这个频率上的能量强弱。图中红色表示能量强，蓝色表示能量弱。对于每一帧的频谱进行一系

列数学变换，就得到一个 MFCC 向量，把所有帧的 MFCC 向量摆在一起，就得到一个 MFCC 序列。

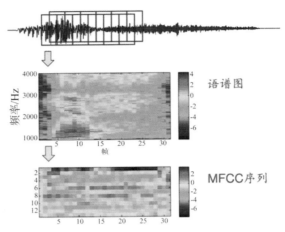

图 2-26　从原始语音到 MFCC 序列

在语音识别中，最常用的特征就是 MFCC 序列，它主要描述的是频谱包络。频谱包络包含的信息就是说话人发出了什么音。它的优点是排除基频的影响，通过三角滤波，把基频抹除，并且三角滤波符合人耳听觉的特性，在低频处比较密集，在高频处比较稀疏。MFCC 的另一个优点是维度低，它仅用一个 13 维向量就可以表示一帧语音信号，如果用原始波形，每秒内就有成百上千个采样点。MFCC 也有一些缺点，如它的视野比较小，它一次只能关注 20—50 毫秒内的信号。然而人们说话的时候，每个音都受前后内容的影响。例如，"那"和"把"，都有"a"的音，但 MFCC 就分辨不出这两个地方的"a"音有什么不同。另外，它容易受到噪声、回声、滤波的严重影响。

一、动态时间归整算法（简称"DTW 算法"）

该算法基于动态规划的思想，解决了发音长短不一的模板匹配问题，是语音识别中出现较早、较为经典的一种算法，可以用于孤立词识别。

一段语音进行特征提取后，就变成了一串特征向量（模板）。接着录一段待识别语音，将待识别语音跟模板比较，计算与特征序列的距离（参见图 2-27）。人们说话的时候是按顺序

说的，将每一帧与模板中的帧进行匹配时，必须保持这个顺序。完成这个任务用到的算法就是 DTW 算法。

做好顺序对应以后，待识别语音与模板之间的距离就是每一帧的欧氏距离之和。

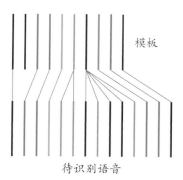

图 2-27　待识别语音与模板的匹配

二、高斯混合模型（简称"GMM"）

每个词都有很多个模板，那么如何进行比较呢？最简单的方法就是把待识别的语音跟每个模板都进行比较，然后在这些比较结果中取平均值或最大值。但是当模板太多的时候，这样操作很费时间。通常的做法是在识别之前把这些模板压缩成一个模型（参见图 2-28）。

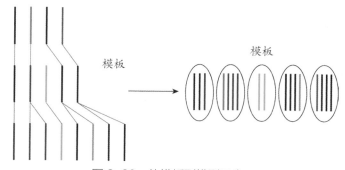

图 2-28　从模板到模型示意

把每个模板切成 5 段，中间这个模板有 5 个向量，把它当成待识别语音，与上下两个模板去匹配。匹配的结果就是把一些相似的向量放在同一个阶段，把每一阶段匹配的向量汇总起来就是右边的模型，这就是 GMM 的原型。

这个模型有五个阶段，一般把它称为五个状态。每个状态里有一些向量，怎样简略地表示这一堆向量呢？这些向量都表示为高维空间（13 维空间）里的一个点，用高斯混合模型可以描述这些向量在空间上的分布（参见图 2-29）。

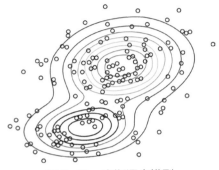

图 2-29　高斯混合模型

图 2-29 所示就是在一个二维空间中的高斯混合模型。它有两个包，每个包周围向量分布比较多。高斯混合模型是由很多个高斯模型混合而成的，它的特点是不管你有多少个包，都可以拟合向量的分布。拟合完成后，你给一个特征向量，它就会给出这个向量在这一点的概率。这是用来代替原来一对向量比较的欧氏距离的。

模型训练好后，如何用模型识别一段未知的语音呢？一段语音输入进来后，可以用 DTW 算法把它跟模型对齐（参见图 2-30）。

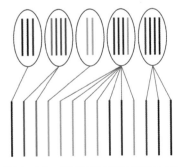

图 2-30　用 DTW 算法实现对齐

对齐后，计算每个向量与模型之间的概率，把每一帧的概率相乘，就能得到在这个模型条件下待识别语音的概率。这里隐含了一个假设，就是每一帧的概率是独立的，可以相乘。现

在，每个单词都有一个模型，就是说，虽然"Yes"有多个模板，但已经把它简化成一个模型了。同样，"No"也有一个模型，把待识别的语音分别去跟"Yes"的模型和"No"的模型匹配，计算出概率，就可以根据概率得到识别结果。

三、隐马尔科夫模型（简称"HMM"）

运用隐马尔科夫模型的出发点是实现概率化。隐马尔科夫模型在高斯混合模型的基础上，添加了状态之间的转移概率（参见图2-31）。第一帧在第一个状态，下一帧有0.7的概率还在第一个状态，也有0.3的概率转移到第二个状态。状态转移只有两种方式：一种是留在本身这个状态，另一种是跑到下一个状态。这种隐马尔科夫模型是从左到右的，或者说是单向的，它只能够按照顺序来移动。上面的数字可以代表每个音素的长度，一个音素越长，它就越倾向于待在自己的状态中，那么它自弧上的数值就越大。如果一个音素比较短，它就容易转到下一个音素，横向箭头上的数值就比较大。

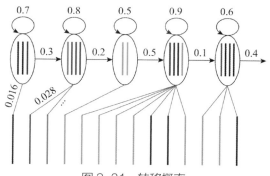

图2-31 转移概率

对一条语音，怎样用HMM来计算概率呢？或者换句话说，就是给定模型之后，这个语音有多大的概率呢？语音是由很多帧的向量组成的，它要与模型的每个状态之间建立对应关系，就是图2-31中灰色的线，这种对齐关系称为"对齐方式"。给了语音和对齐方式之后，就可以计算它的概率，对比每一帧的特征向量与它对应的模型状态可以计算出GMM概率，就是0.016、0.028这些数值。除此之外，还有HMM转移概率，第一帧在状态一，第二帧在状态二，这里就有一个转移概率0.3，

第二帧和第三帧都在状态二，这里有一个停留概率0.8，把这些数字全都乘起来，就是给定模型之后，语音和对齐方式的联合概率：

P（语音，对齐方式 | 模型）= GMM 观测概率 × HMM 转移概率。

实践内容： 搭建孤立词语音识别模型。

实践准备：

硬件：带麦克风并且能上网的电脑。

软件：Python 运行环境、Python 集成开发环境 PyCharm 等。

实践步骤：

1. 在终端运行下面的命令安装 hmmlearn 包。

```
$ pip3 install hmmlearn
```

2. 编写相关 Python 程序。

（1）导入以下 Python 包。

```
import os
import argparse
import warnings
import numpy as np
from scipy.io import wavfile
from hmmlearn import hmm
from python_speech_features import mfcc
import wave
import pyaudio
warnings.filterwarnings("ignore")
```

（2）定义一个函数 build_arg_parser() 来分析输入参数。需要指定包含训练用声音文件的目录，目录中的声音文件用来训练语音识别系统。

（3）利用 GMM 和 HMM 定义语音识别模型 class ModelHMM。

（4）定义一个方法，用语音材料为每个单词训练模型 build_models(input_folder)。

（5）定义一个函数 run_tests()，进行录音，用录下的语音数据对模型的语音识别效果进行测试。

3. 训练模型并测试效果。

（1）定义 main 函数并得到输入参数中的输入目录。

（2）为输入目录中的每一个词建立隐马尔科夫模型（HMM）。

（3）进行识别测试。

训练用资料目录（参见图 2-32）。

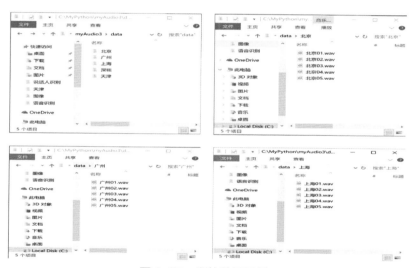

图 2-32　训练数据示例

确保 Data 目录和源文件放在同一个目录，运行下面的命令。

```
$ python speech_recognizer1.py –input-folder data
```

在屏幕上出现"* recording"提示时，快速说出待识别的城市名，可以是这些城市名中的任何一个：北京、广州、上海、深圳、天津。

在屏幕上出现"继续吗？选择（y/n）："时，选"y"继续识别，选"n"退出识别程序。

运行过程如图 2-33 所示。

图 2-33　孤立词识别结果

如果程序运行结果如图 2-33，说明语音识别模型已经能正确地辨认出待识别的语音。

实践评价：

知识与技能	掌握程度		
	初步掌握	掌握	熟练掌握
DTW 算法			
高斯混合模型			
隐马尔科夫模型			
孤立词识别建立模型			
孤立词识别测试模型			
任务评价			

（请在选择处打"√"）

拓展活动：

查阅在线语音识别 API，实现连续语音识别。

>> 总结与评价

对以下语音识别过程进行排序:

采样	建立隐马尔科夫模型
傅里叶变换	生成高斯混合模型
对数变换	三角滤波
离散余弦变换	分帧
动态时间规整	量化

选一款离线语音识别产品或应用,利用本项目中学习到的方法查找相关资料,分析其实现原理,撰写一份简单的研究报告。

知识与技能	自评与他评		
	自评	同学评	教师评
语音识别的概念			
语音编码和语音特征			
语音特征提取			
搭建孤立词语音识别模型			
项目总评			

>> 科技前沿

基于神经网络的语音识别系统

2011 年，基于深度神经网络 – 隐马尔科夫模型（简称 "DNN–HMM"）的声学模型在多种语言、任务的语音识别上取得了比传统 GMM–HMM 声学模型更好的效果。之后，循环神经网络（Recurrent Neural Network，简称 "RNN"）以其更强的长时建模能力，替代 DNN 成为语音识别主流的建模方案。2016 年，我国科学家提出了一种全新的语音识别框架——全序列卷积神经网络（Deep Fully Convolutional Neural Network，简称 "DFCNN"），如图 2–34 所示。

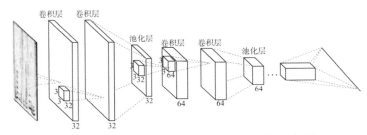

图 2-34 基于 DFCNN 的语音识别框架示意图

DFCNN 先对时域的语音信号进行傅里叶变换，得到语音的语谱图，然后直接将语谱图作为输入，输出单元则直接与最终的识别结果（比如音节或者汉字）相对应。DFCNN 的结构中把时间和频率作为图像的两个维度，通过较多的卷积层和池化层（pooling）的组合，实现对整句语音的建模。

首先，在输入端，传统语音识别系统的提取特征方式是在傅里叶变换后，用各种类型的人工设计的滤波器，如对数梅尔滤波器组，造成在语音信号频域尤其是高频区域的信息损失比较明显。另外，传统语音特征采用非常大的帧移来降低运算量，导致时域上的信息会有损失，当说话人语速较快的时候，这个问题表现得更为突出。而 DFCNN 将语谱图作为输入，避免了频域和时域两个维度的信息损失，具有天然的优势。

其次，从模型结构上看，为了增强卷积神经网络（CNN）的表达能力，DFCNN 借鉴了图像识别中表现最好的网络配置。

与此同时，为了保证 DFCNN 可以表达语音的长时相关性，通过卷积池化层的累积，DFCNN 能看到足够长的历史和未来信息。有了这两点，DFCNN 在稳健性上表现出色。

最后，从输出端来看，DFCNN 比较灵活，可以方便地和其他建模方式相融合，如和连接时序分类模型（Connectionist Temporal Classification，简称 "CTC"）方案结合，实现了整个模型端到端的声学模型。

>> 拓展性议题

听音辨罪犯

声纹识别（voiceprint recognize），是一项根据语音波形中反映说话人生理和行为特征的语音参数，自动识别说话人身份的技术。它通过将说话者语音和数据库中登记的声纹作比较，对用户进行身份校验和鉴别，从而确定该说话人是否为本人或是否为集群中的某个人。通常，我们只需输入说话者的语音，依靠独特的声纹便可准确地予以鉴别。声纹识别在电话信道中的表现更突出，是目前唯一可用于远程控制的非接触式生物识别技术。

声纹鉴别是一对多的过程，即判断该段语音是若干人中的哪一个人说的，可以实时监控说话人的身份。同时也可以设置多候选，输出相似度最高的前几位，提升识别效果。这一技术比较适用于技侦、监听等领域（参见图 2-35）。

让我们来"演练"一下"听音辨罪犯"的过程：

（1）准备训练数据：语音资料若干人，每人 5 份，用来建立 GMM 模型。

（2）准备 5 名犯罪嫌疑人（在上述若干人中）的语音资料。利用犯罪嫌疑人的通话内容，通过已建立的 GMM 模型快速输出犯罪嫌疑人的名字。

人工智能（高中版）

（3）编写 Python 实现代码。

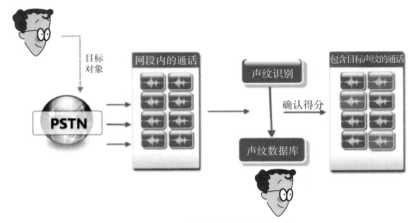

图 2-35　声纹识别的过程示意

　　近年来，很多国家的法院部门已经承认声纹可作为法庭证据。在刑侦领域，应用声纹鉴别技术可以察觉电话交谈过程中是否有关键说话人出现，继而对交谈的内容进行跟踪；在公安部门，对于各种电话勒索、绑架、追逃、电话人身攻击等案件，利用声纹识别技术可以节省大量警力，并大大提高监听的效率和破案的成功率。

　　请你想一想，声纹识别技术还可以运用到哪些方面？或者换个角度来想，怎样保障个人语音不被盗用？

辽A 88888
吉A 88888
皖A 88888
晋A 88888
渝A 88888
鲁A 88888

京A 88888
沪A 88888
浙A 88888
黑A 88888
苏A 88888
粤A 88888

项目三 >>>

能识别车牌的闸机

AI

提示：从车库闸机对车牌识别的情境入手，解析图像识别背后人工智能技术的秘密。项目通过介绍使用灰度化、二值化对采集的图像数据进行预处理，再分别用 SVM 和 DNN 方法对车牌数字进行识别，让学生感受不同图像识别算法之间的差异。

>> **情境导入**

大黑载着小吴从车位上开了出来，来到车库出口。

闸机屏幕上显示了"沪××××××，月租车，通行时间25天"的字样，随后响起了提示音：

"沪××××××，行车注意安全!"之后，闸门打开，放行。

大黑顺利地驶出车库。

现在上海很多小区的停车库，都安装了智能车牌识别系统。当汽车经过车库出口的时候，安装在闸机附近的摄像头自动进行车牌识别，并将车牌信息传送给智能系统。智能系统通过与数据库比对，就能辨别出是否是本小区的月租车辆，决定是否需要打开闸机放行。

闸机识别车牌的智能系统，使用的是人工智能图像识别技术。在人工智能领域中，图像识别技术相对比较成熟，得到广泛应用。让我们一起来尝试一下吧，看看闸机是怎样识别车牌的，你能让自己的计算机学会识别手写数字吗?

>> **需求分析**

居民小区停车库闸机对车牌的识别,运用的是计算机视觉技术。在人工智能领域中,这是一门相对成熟的技术,已经得到广泛的应用。本项目通过对手写体数字的识别,引导读者体验并掌握图像识别所涉及的主要算法和相应的代码实现。项目学习从了解计算机中图像数据获取和处理入手,重点在支持向量机(简称"SVM")和深度神经网络算法(简称"DNN")对图像的识别过程,建议仔细体会不同图像识别算法之间的差异。此外,颜色空间的概念学习可能有点难噢!

>> **项目描述**

本项目学习可以参考图 3-1,也可以根据学情自行设计。

本项目分为三个学习任务。

任务 1 图像识别与图像的预处理

任务 2 用支持向量机方法识别车牌

任务 3 基于深度模型识别车牌

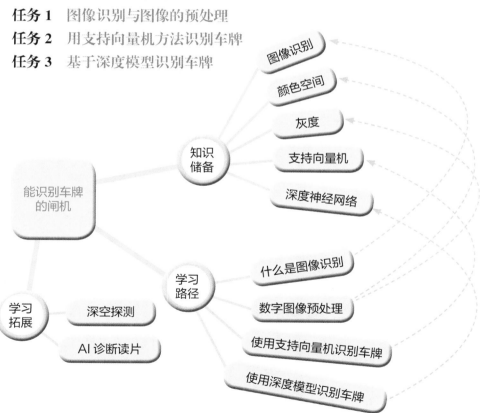

图 3-1 项目三学习路线图

人工智能（高中版）

目标与导航

1. 了解图像识别的流程和相应概念。

2. 掌握计算机中图像的存储和表达形式。

3. 了解颜色空间的概念。

4. 掌握利用 Python 读取和显示数字图像文件的方法。

5. 掌握利用 Python 对数字图像进行基本预处理的方法。

6. 本任务学习导航参见图 3–2。

图 3-2　学习导航示意图

问题描述

一、图像识别的基本概念和步骤

图像识别技术，是指利用计算机对数字图像进行处理、分析和理解，以识别各种不同模式的目标和对象的技术。

通常情况下，图像识别分三步来完成。

1. 对图像数据进行预处理

96

将原始的图像数据修改成统一规格的数据，方便计算机做进一步的批量化操作。

2. 数据建模

对数据进行分类建模和训练。

3. 图像识别

将需要做识别的数据交给计算机，做进一步的处理。

二、数据采集与存储

使用人工智能方法进行图像识别，需要大量优质并标注好的数据来训练和验证，所以数据采集在图像识别中尤为重要。数据采集是利用一种装置，从系统外部采集数据并输入到系统内部的一个接口。目前，我们可以从公共数据库或付费数据库获取数据，也可以自己采集数据建立数据库。

计算机通过读取数据，可以查看一张图片的属性，如总像素点数、颜色空间等（参见图 3-3）。

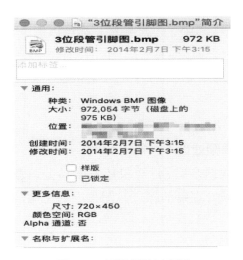

图 3-3　图片属性示意图

1. 像素（pixel）

像素是最基本的构图元素。在彩色图片中，每个像素就是一个彩色的点。假设计算机的分辨率为 1920×1280，那么，计算机屏幕上一幅满屏的图像，就是由 1280 行、1920 列，共计 1920×1280=2457600 个像素点进行构图的。

2. RGB 颜色空间

采用 R、G、B 相加混色原理使屏幕内侧覆盖的红、绿、蓝磷光材料发光而产生色彩的表示方法称为 RGB 颜色空间（参见图 3-4）。RGB 颜色空间的每个分量，在计算机中占用相应的存储字节数。

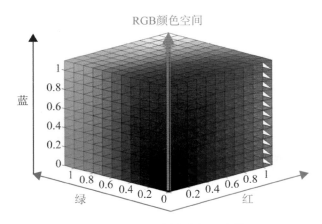

图 3-4 RGB 颜色空间示意图

在 RGB 颜色空间中，任意色光 F 都可以用 R、G、B 三色不同分量的相加混合而成：F=r[R]+r[G]+r[B]。当三基色分量都为 0（最弱）时，混合为黑色光；当三基色都为最大值时，混合为白色光。

三、数字图像预处理

图片转换成数据之后，计算机还不能马上识别图片，必须对图片进行一些预处理以消除过滤图片中的无用信息，恢复增强有用的信息。

1. 灰度与灰度化

灰度指以黑色为基准色，用不同饱和度的黑色来显示图像。

灰度对象具有从 0%（白色）到 100%（黑色）的亮度值。使用黑白或灰度扫描仪生成的图像通常以灰度显示。使用灰度还可将彩色图稿转换为高质量的黑白图稿。

自然界中的大部分物体平均灰度为 18%。在物体的边缘呈现出灰度的不连续性，图像分割就是基于这个原理进行操作的。

在 RGB 模型中，如果 R=G=B 时，那么彩色表示一种灰度颜色，其中 R=G=B 的值叫灰度值，因此，灰度图像每个像素都只需一个字节来存放灰度值（又称强度值、亮度值），灰度范围为 0—255。一般有分量法、最大值法、平均值法、加权平均法四种方法，用于对彩色图像进行灰度化。图 3-5 所示为使用分量法进行灰度化。

正常照片   灰度化照片

图 3-5　图像灰度化示意图

2. 二值化

一幅图像包含目标物体、背景还有图像噪声，要想从多值的数字图像中直接提取出目标物体，最经常使用的方法就是设定一个全局的阈值 T，用 T 将图像的数据分成两部分：大于 T 的像素群和小于 T 的像素群。将大于 T 的像素群的像素值设定为白色（或者黑色），小于 T 的像素群的像素值设定为黑色（或者白色）。

计算每个像素的（R+G+B）/3。假设 >127，则设置该像素为白色，即 R=G=B=255，否则设置为黑色，即 R=G=B=0。可见，二值化是一种特殊的灰度化操作，目的在于尽可能地去除干扰，保留图像最显著的特征。

图 3-6 反映了一张照片从原始图像到灰度图再到二值化的全过程。

不同阈值的二值化对于图像的影响非常大，如图 3-6（c）（d）两张阈值分别为 100 和 175 的图片中，汽车牌照周围的细

正常照片 　　　　　　　　灰度化后的图片

（a）二值化阈值127（默认）　　　（b）二值化阈值50

（c）二值化阈值100　　　　　　（d）二值化阈值175

图3-6　图像二值化示意图

节会随着阈值的变化而显著变化。在本项目学习中，我们主要
需求是识别汽车的牌照，其他大部分不相关的细节都可以隐
去，因此阈值175的处理方案显然优于阈值100的方案。

3. 图像尺寸的缩放

由于每一个待处理图片对象的大小、分辨率、尺寸可能都
不一样，因此为了便于计算机处理问题，需要对图像进行尺
寸上的调整。尺寸、像素点调整可以使用OpenCV库自带的
resize函数。

实践体验

实践内容: 尝试建立自己的数据库。学习图像处理中的数字化、灰度化、二值化以及修改图片尺寸的方法。

实践准备: 电脑一台,A4 纸若干,黑色水笔若干以及手机三脚架一个。

实践步骤:

1. 生成数据。

在 A4 纸上每人分别手写不同的数字。每个人需要写同一个数字 10~15 次,每个数字需要至少采集 20 名不同的人书写的数据。

2. 数据采集。

利用三脚架固定手机,在固定拍摄机位、光照条件和被拍摄纸张位置的前提下,拍摄手写字,并用扫描仪软件对其进行矩形校准。

3. 数据标注。

将不同数字的图片编号后存入不同的文件夹(比如,数字1 存入文件名为"数字一"的文件夹下,以此类推)。

4. 图像处理。

对给定的图片,依次进行灰度化、二值化处理以及图像尺寸调整(参见图 3-7)。

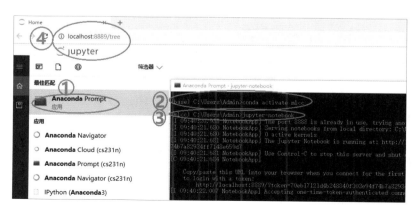

图 3-7　Jupyter 操作示意图

（1）在菜单下搜索关键词"anaconda"，打开"Anaconda Prompt"，进入 Anaconda 程序的控制台。

（2）在 Anaconda 控制台中输入"conda activate mlcc"（"mlcc"是实际运行环境名称，若默认所有的库都安装在系统的 base 中，则不需要这个操作）。

（3）输入"jupyter-notebook"，等待 Jupyter Notebook（Jupyter Notebook 是一种交互式笔记本，支持运行 Python 编程语言，可以用来编写交互式文档）启动。启动成功后，会跳出一个网页，网址为"localhost:888x/tree"，并且有 Jupyter 的图标（参见图 3-8）。

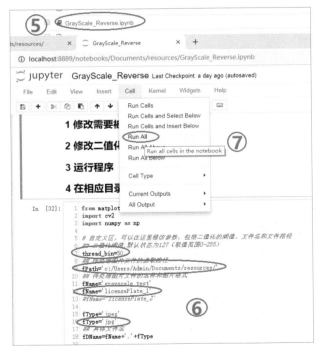

图 3-8　参数调整示意图

（4）打开 grayscale_reverse.ipynb，修改二值化阈值 (thread_bin)，被处理的图像文件路径（fPath），被处理的图像文件名称（fName）以及待处理的图像格式（fType，默认是 jpeg 或 jpg）。

（5）"Cell"菜单中选择"Run All"。等待程序运行完成，就可以在目标文件夹下发现处理后的文件（参见图 3-9）。

licensePlate_2.jpg

licensePlate_2_bin_50.jpg

licensePlate_2_bin_100.jpg

licensePlate_2_bin_127.jpg

licensePlate_2_bin_150.jpg

licensePlate_2_bin_175.jpg

licensePlate_2_bin_200.jpg

licensePlate_2_gray.jpg

图 3-9　处理后的文件示意图

实践评价：

知识与技能	掌握程度		
	初步掌握	掌握	熟练掌握
颜色空间			
数字图像存储格式			
数字图像的灰度化、二值化			
数字图像调整尺寸大小			
图像的获得			
图像的规范化处理			
任务评价			

（请在选择处打"√"）

拓展活动：

对图片进行色彩变换。

1. 将图片的 RGB 颜色空间调换：G → R；B → G；R → B。

2. 对图片中的 RGB 成分按比例进行调整。

3. 分别查看两次操作后的图像效果。

任务 2　用支持向量机方法识别车牌

目标与导航

1. 初步理解支持向量机（简称"SVM"）的原理。

2. 掌握支持向量机方法进行图像分类的实施步骤。

3. 本任务的学习导航参见图 3-10。

图 3-10　学习导航示意图

问题描述

一、车牌数字识别与手写数字识别

车牌的数字通常是比较规整的印刷体，但是由于拍摄角度等原因，照片中的数字会发生不同程度的形变。即使进行了失真处理，仍然会存在一定的局部失真。因此，识别车牌数字问题其实和识别手写数字问题是等价的（参见图 3-11）。

图 3-12 反映了把图片转换成 28×28 的灰度图后的等价处理方法，即把每一个像素点的灰度作为一个输入数据，按照一定的规律（如从第一行一直到最后一行，每行按照从最左边到最右边的顺序排列），得到待处理的 784 个输入灰度数据。

图 3-11　车牌识别示例

图 3-12　车牌数字灰度图示例

二、支持向量机的基本概念

引言中对于支持向量机已经有了一定的介绍，可以将二维平面中的支持向量机理解为二维平面内的两组数据之间找寻一个最宽的分隔区间，如图 3-13（a）所示。对于二维平面内线性不可分的两类数据，则有可能在更高的维度（比如三维空间中）用一个平面将两类数据进行划分，如图 3-13（b）所示。这种由低维数据向高维数据的映射过程需要用到"核函数"（kernel），人为构建出来的用于分割数据集的平面称为"超平面"（hyperplane）。经过基于核函数的高维映射操作后，很多原本"线性不可分"的数据就可以在更高维的空间被超平面分割开。

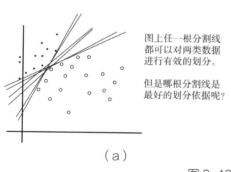

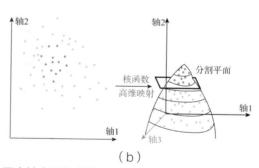

图 3-13　用支持向量机分类

针对两类不同数据，可以使用 SVM 进行分类。但现实生活中，我们需要进行的分类的对象往往超过两类。针对超过两类的分类问题，我们可以选择对每个类别依次做 SVM 分类操作（参见图 3-14）。

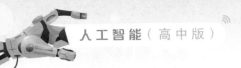

图 3-14　三种不同水果的分类

三、用支持向量机方法识别手写体（印刷体）数字

计算机是怎样识别数字的呢？

1. 分割

首先用方格把各个数字分开（参见图 3-15）。

（a）　　　　　　　　　（b）

图 3-15　手写阿拉伯数字示意图

这样，问题就变成了一个个包含手写数字的正方形区域。

2. 变换

忽略字的颜色，降低分辨率（参见图 3-16，实际分辨率是 28×28 ）。

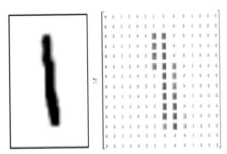

图 3-16　手写数字变换示意图

3. 预测

输入与 28×28 对应的 784 个数，输出一个数字预测的结果。

SVM 处理手写数字识别算法如图 3-17 所示。

使用 MNIST 数据库提供的 50000 个训练用数据进行 SVM 的训练之后，使用同一个数据库另外提供的 10000 个测试用

数据进行测试。我们可以发现，9400+ 的数据能够被正确的分类，也就是说，使用 SVM 这个传统机器学习的"王者"进行训练，我们能够得到接近 95% 的正确率。事实上，如果我们能够像科学家那样熟练、精确地优化和调节 SVM 的各项参数，最终得到的准确率甚至可以达到惊人的 98.5%。

对用于建模的全部数据进行数据格式规范化（像素数量、颜色空间）

以此构建 SVM 的输入系统——共计 28×28 个输入节点

构建 SVM 模型

将整理好数据交给模型的，让模型自动运行，直至达到预先设置的精度要求

建模停止，将待识别的数据送入模型，得到系统的预测结果

图 3-17　SVM 算法运行示意图

 实践体验

实践内容： 体验使用支持向量机进行图像识别的过程。

实践准备： 开始实验之前，所有待识别的实验图像都需要被正确分割，并且经过图形矫正。

所有图像数据都进行了灰度化的处理。

待识别图像的尺寸都调整成 MNIST 数据库的标准尺寸——28×28 的像素尺寸。

实践步骤：

1. 训练网络。

进入"MNIST"数据库，获取图像（参见图 3-18）。

图 3-18　一个 MNIST 数据库示例

用这些图像训练 SVM，系统会自动构建基于输入的 784 维度数据的超维空间，并在其中按照 SVM 的原理进行超平面的构建，最终找到一组能够对输入数据进行较好分类的超平面数据。"MNIST" 数据库有 6 万个图像，可以用其中 3 万个图像训练，用剩下的 3 万个图像检验训练效果；也可以用其中的 5 万个图像训练，剩下的 1 万个图像做测试。

2. 观察实验结果。

按照之前任务 1 的实践步骤，打开 Jupyter Notebook，找到 predict_svm.ipynb。修改其中的 epoch 数值，把迭代次数简单地设定成 30 次（0-29）。观察这个简单网络的使用效果（参见图 3-19）。我们可以发现，仅使用了 30 次的迭代，这个简单网络的手写数字识别准确率就可以达到 93%。

```
Epoch 0 : 9034 / 10000
Epoch 1 : 9107 / 10000
Epoch 2 : 9201 / 10000
. . .
Epoch 27 : 9253 / 10000
Epoch 28 : 9298 / 10000
Epoch 29 : 9347 / 10000
```

图 3-19　SVM 使用效果示意图

由于我们要识别的车牌数字所在区域、大小以及实际数字所占的比例是由印刷字体预先决定的，因此只要车牌区域能够被正确识别出来，经过图形矫正之后的车牌再次被图像分割，形成的图像识别率就能够满足需要。

3. 试用 OpenCV 中的 SVM 算法对车牌进行识别。

打开 Jupyter Notebook，找到 surface_svm.ipynb（参见图 3-20）。

图 3-20　打开待识别图片示意图

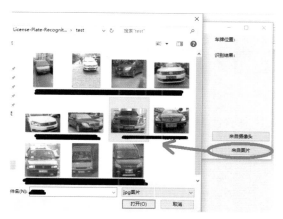

图 3-21 选择待识别图片示意图

识别成功的话,会在屏幕右上角出现识别结果(参见图 3-22)。

图 3-22 识别成功示意图

实践评价:

知识与技能	掌握程度		
	初步掌握	掌握	熟练掌握
支持向量机基本思想			
支持向量机实施步骤			
任务评价			

(请在选择处打"√")

任务 3　基于深度模型识别车牌

目标与导航

1. 理解深度神经网络算法的原理。

2. 掌握深度神经网络图像识别的实施步骤。

3. 本任务的学习导航参见图 3-23。

图 3-23　学习导航示意图

问题描述

在任务 2 中，使用 SVM 进行图像识别的正确率在 98.5%
左右，大家一定很兴奋地考虑：识别率是不是可以更进一步提
高呢？答案是肯定的，并且使用的方法较之 SVM 来说更容易
理解——这就是深度学习神经网络算法。

一、神经网络的基本概念

我们先来认识一下最简单的计算机神经网络（参见图
3-24）。

从左到右分为三层：

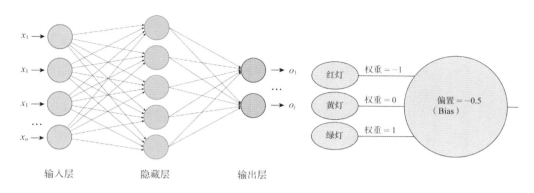

图 3-24　简单神经网络示意图　　　　图 3-25　交通信号灯神经元示意图

第一层是"输入层"，代表输入的数据。

第二层是"隐藏层"。

第三层是"输出层"。

第二层和第三层的每一个圆点代表一个神经元。

神经网络中最底层的单元是神经元。神经元在神经网络中是如何工作的呢？

例如，图 3-25 所示是一个根据交通信号灯判断要不要前进的神经元。它由三部分组成：输入、内部参数和输出。

这个神经元的输入就是红灯、黄灯和绿灯这三个灯中哪个灯亮了。用 1 表示亮，0 表示不亮，那么按照顺序，"1，0，0"这一组输入数字，就表示红灯亮，黄灯和绿灯不亮。

神经元的内部对每个输入值都给予一个权重，如图中给红灯的权重是 −1，黄灯的权重是 0，绿灯的权重是 1。另外，它还有一个参数叫"偏移"（bias），图中偏移值是 −0.5。

神经元的计算，是把输入的三个数字分别乘以各自的权重并相加，然后再加上偏移值。图 3-25 的计算结果就是：$1 \times (-1) + 0 \times 0 + 0 \times 1 - 0.5 = -1.5$。

输出就是做判断，判断标准是：如果计算结果大于 0，就输出"前进"命令；如果计算结果小于 0，就输出"停止"命令。现在计算结果小于 0，所以神经元就输出"停止"。

这就是神经元的基本原理。真实应用中的神经元会在计算

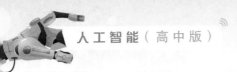

过程中加入非线性函数的处理，并且确保输出值都在 0 和 1 之间。神经元的内部参数都是可调的。用数据训练神经网络的过程，实质上是调整更新各个神经元内部参数的过程。神经网络的结构在训练中不发生改变，是其中神经元的参数决定了神经网络的功能。

深度神经网络是指层数较多、规模较大的人工神经网络（ANN）（参见图 3-26）。

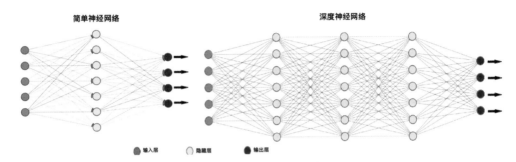

图 3-26　深度神经网络示意图

二、基于深度模型的数字识别

现在我们就来看看，如何使用深度模型来识别手写数字（参见图 3-27）。

第一层：输入层。图 3-27 中只画了 8 个点，实际上有 784 个数据点对应 28×28 个像素点。

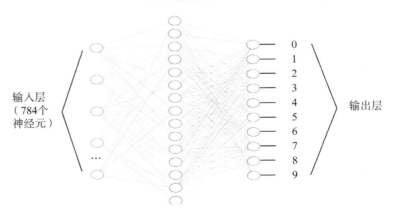

图 3-27　深度模型识别手写数字示意图

第二层：隐藏层。此处由 15 个神经元组成，实际情况可能不止 15 个神经元。

第三层：输出层。有 10 个神经元，对应 0—9 这 10 个数字。

每个神经元都由输入、权重和偏移值参数、输出三个部分组成。隐藏层 15 个神经元中的每一个都要接收全部 784 个像素的数据输入，总共有 784×15=11760 个权重和 15 个偏移值。第三层 10 个神经元的每一个都要与第二层的所有 15 个神经元连接，总共有 150 个权重和 10 个偏移值。这样，整个神经网络一共有 11935 个可调参数。

理想状态下，784 个输入值在经过隐藏层和输出层这两层神经元的处理后，输出层的哪个神经元的输出结果最接近 1，神经网络就判断这是哪一个手写数字。

深度模型识别手写体数字的过程和任务 2 类似，区别只是在于建模过程中，将 784 个输入点（28×28 个灰度点）送入的是神经网络的输入层，而不是 SVM 的输入层。神经网络会在运算之后输出一个预测结果（数字）。

深度模型识别手写数字算法流程如图 3-28 所示。

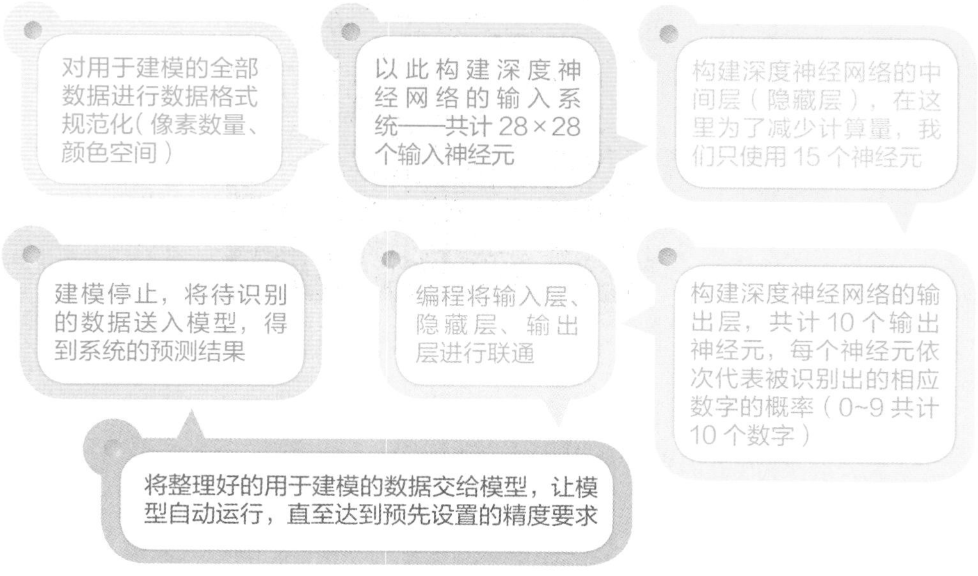

对用于建模的全部数据进行数据格式规范化（像素数量、颜色空间）

以此构建深度神经网络的输入系统——共计 28×28 个输入神经元

构建深度神经网络的中间层（隐藏层），在这里为了减少计算量，我们只使用 15 个神经元

建模停止，将待识别的数据送入模型，得到系统的预测结果

编程将输入层、隐藏层、输出层进行联通

构建深度神经网络的输出层，共计 10 个输出神经元，每个神经元依次代表被识别出的相应数字的概率（0~9 共计 10 个数字）

将整理好的用于建模的数据交给模型，让模型自动运行，直至达到预先设置的精度要求

图 3-28　深度神经网络算法运行示意图

实践内容：体验利用深度神经网络算法进行图像识别的过程。

实践准备：开始实验之前，所有待识别的图像数据都被正确分割，并且经过图形矫正和灰度化的处理。

待识别图像的尺寸都调整成 MNIST 数据库的标准尺寸——28×28 的像素尺寸。

实践步骤：

1. 训练网络。

进入"MNIST"数据库，获取图像数据，同任务 2。用这些图像训练神经网络，去调整 11935 个参数。

2. 观察实验结果。

同任务 2 的实践步骤，打开 Jupyter Notebook。找到 predict_DNN.ipynb，修改其中的 epoch 数值，把迭代次数简单地设定成 30 次（0-29）。观察这个简单网络的使用效果（参见图 3-29）。

```
Epoch 0 : 9129 / 10000
Epoch 1 : 9295 / 10000
Epoch 2 : 9348 / 10000
...
Epoch 27 : 9528 / 10000
Epoch 28 : 9542 / 10000
Epoch 29 : 9544 / 10000
```

图 3-29　深度神经网络识别效果示意图

我们可以发现，仅使用了 30 次的迭代，这个简单网络的手写数字识别准确率就已经能达到 95%。

3. 尝试用深度神经网络算法进行车牌识别。

打开 Jupyter Notebook，找到 surface_DNN.ipynb，运行程序，识别结果如图 3-30 所示。

```
c:\tf_jenkins\home\workspace\release-win\device\g
1060 6GB, pci bus id: 0000:23:00.0)
概率:    [1 100.00%]    [Y 0.00%]    [T 0.00%]
概率:    [6 100.00%]    [H 0.00%]    [K 0.00%]
概率:    [7 100.00%]    [T 0.00%]    [Z 0.00%]
概率:    [2 99.90%]    [Z 0.08%]    [P 0.00%]
概率:    [Q 100.00%]    [4 0.00%]    [R 0.00%]
车牌编号是:  【1672Q】
```

图 3-30   车牌识别结果示意图

实践评价:

知识与技能	掌握程度		
	初步掌握	掌握	熟练掌握
深度神经网络算法基本思想			
深度神经网络算法实施步骤			
任务评价			

（请在选择处打"√"）

>> 知识链接

　　2013 年，MNIST 数据库的发起者杨立坤（Yann LeCun）发表了文章，宣布在使用深度神经网络算法之后，MNIST 测试数据的识别率直接从 SVM 的 98.5% 上升到了 99.8%。这是一个接近人的识别率的成绩，某种程度上来说甚至更好，因为 MINST 的测试数据中包含有非常潦草难于识别的数字（参见图 3-31）。

图 3-31   潦草数字示例

>> 总结与评价

深度神经网络在计算机图像识别技术和语音识别处理技术中的应用有什么共同点和不同点？

利用深度神经网络，如何区分单张图片中的猫和狗？如果图片上不止一个对象，又该如何识别？

知识与技能	自评与他评		
	自评	同学评	教师评
什么是图像识别			
数字图像预处理			
使用支持向量机方法进行数字识别			
使用深度模型进行数字识别			
项目总评			

>> 科技前沿

深空探测的人类视角

随着人工智能技术的飞速发展，人类的深空探测领域进入了一个新纪元。

2019年4月10日，全世界的目光被人类历史上第一张黑洞的照片发布会所吸引。这张黑洞照片是由事件视界望远镜合作项目（Event Horizon Telescope）使用8台望远镜进行5天观测的结果，共产生了4PB的数据，整理数据花费了科学家近两年的时间。

2019年10月8日，诺贝尔奖委员会将当年诺贝尔物理学奖分成了两部分：一半颁给了一对师徒，瑞士天文学家米歇尔·马约尔（Michel Mayor）和迪迪埃·奎洛兹（Didier Queloz），另一半颁给了美国宇宙学家詹姆斯·皮布尔斯（James Peebles）。马约尔和奎洛兹的贡献，是发现了一颗新的行星，而这颗行星的母恒星跟我们的太阳恰好很相似，这一发现可以说引领了系外行星探索的"大航海时代"。皮布尔斯的贡献，则是用物理公式为复杂的宇宙研究提供了一个模型，帮助科学家找到了工具，准确描述了宇宙的婴儿期、青春期和成年期。

值得关注的是，2016年由中国科学院国家天文台主导设计，位于我国贵州省黔南布依族苗族自治州平塘县，目前世界上最大单口径、最灵敏的射电望远镜FAST（Five-hundred-meter Aperture Spherical radio Telescope）的建成启用，则说明中国同样在这场宇宙探索浪潮中作出了独树一帜的贡献。在地球上直接对外太空进行观测，将面对难以想象的技术困难。同时，由于可以全天候地采集数据，需要处理的数据量也是一个天量数字，没有计算机的智能辅助是很难完成任务的。深度学习以及其他机器学习框架下的计算机图像识别技术为海量数据分析提供了强有力的工具，这是人工智能助力天文研究的良好开端。

>> 拓展性议题

AI 诊断读片

自 2012 年深度学习技术被引入图像识别数据集之后，其识别率屡创新高。截至 2017 年，ImageNet 系统的比赛识别准确率已达到 97.3%，高于普通人眼识别准确率。在各类医学图像识别比赛或活动中，由高校和企业组成的研究团队在不同病理影像读片上取得了不错成果。

随着智能产品的日益成熟带动了识别率的大幅提升，人工智能读片的精准度也将更显优势。以 MRI 影像为例，使用人工智能的方法对目标区域进行识别和分割，这在病患检测、病情分析等领域都有较大的应用价值。

目前，MRI 影像的分割主要使用的是 U-net 算法。U-net 是基于 FCNs（Fully Convolutional Networks，全卷积网络）的改进。FCNs 中只有卷积网络而没有全连接网络，它虽然保证了提取出来的图像大小与原图相同，但是细节做得并不够好。

U-net 包括两部分（参见图 3-32）：左侧的卷积层，也称下采样部分，类似 VGG（Oxford Visual Geometry Group）模型；右侧为上采样部分。由于网络结构呈现 U 型，所以称之为 U-net 网络。

其中特征提取由左侧的卷积网络结构完成。每经过一个池化层，特征通道数量翻倍。右侧上采样部分，对特征图进行上采样。每进行一次卷积操作，减少一半特征通道数量，以便和特征提取部分对应的通道数在相同尺度融合。由于每次卷积操作都会有边界像素缺失，所以先要对图像进行剪切，然后再进行拼接（即融合）。

想一想，是否还有其他的算法适合医学影像分割？

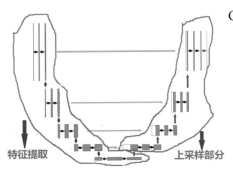

图 3-32　U-net 架构图

特征提取　　　　上采样部分

项目四 >>>

繁忙路口的智能预警

提示：从"无人驾驶"过程中遇到人流、车流、红绿灯等障碍情境入手，解析视频行为识别背后人工智能技术的秘密。项目通过动态环境下基于 HOG+SVM 算法和 YOLO 算法在视频分析中的对比，凸显了 YOLO 算法的准确性和灵活性优势。

人工智能（高中版）

>> 情境导入

　　小吴越来越习惯大黑的贴心服务了。这一天，小吴惬意地乘坐着他的大黑，观看车窗外掠过的街景。忽然，"嘀"一声，大黑预报：前方十字路口车流、人流较大，有 5 分钟的缓慢通行区。请问是否要改道备选路线，可以节约 3 分钟。

　　小吴看看表，时间不是很宽裕了，并且后面还需要通过一些路口，路况尚不明确。他当机立断，立马点击了车载地图上的备选路线。

　　"嘀"，大黑朝着备选路线方向开了过去。果然，小吴提前 3 分钟到达目的地，从容不迫地走进会场，今天他还有演讲任务呢。

　　大黑是如何判断前方十字路口的车辆、行人的通行（拥堵）的情况呢？实际上，无人驾驶汽车对道路上人流、车流、红绿灯等障碍情境的识别，是运用了人工智能中的视频识别等技术。让我们一起来学习吧！

>> 需求分析

本项目选择在视频识别中比较经典的 HOG+SVM 算法和 YOLO 算法为核心，学习视频中物体识别的基础数学模型、建立视频识别模型的基本方法。通过比较 HOG+SVM 和 YOLO 算法，体会 YOLO 算法在准确性和灵活性上的优势。从图像的"静态"识别到视频的"动态"识别，不仅是对机器智能的挑战，更是对运用智能技术的人的考验。

>> 项目描述

本项目学习可以参考图 4-1，也可以根据学情自行设计。

本项目分为四个学习任务。

任务 1　视频分析与行人检测

任务 2　视频分析的数据结构及预处理

任务 3　基于 HOG+SVM 的行人检测

任务 4　复杂场景下基于 YOLO 算法的行人检测

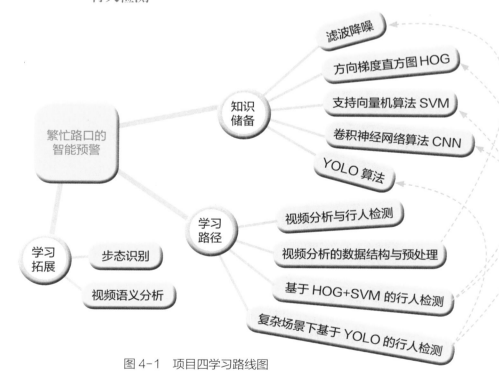

图 4-1　项目四学习路线图

任务 1　视频分析与行人检测

1. 了解图像前景、背景、视频分析、行人检测的含义。
2. 掌握视频分析的流程与结果。
3. 学会视频分析中视频识别的基本方法：目标定位和特征点检测。
4. 本任务的学习导航参见图 4-2。

视频分析与行人检测 → 什么是视频分析 · 视频分析的识别功能 · 什么是行人检测 · 视频分析的数据处理

图 4-2　学习导航示意图

一、什么是视频分析

当无人驾驶汽车行驶时，汽车主要通过视频监控对画面中的行人或车辆行为进行识别判断，处理实时路况，并在适当的条件下，产生警报提示用户，这就是智能监控技术，也可称为视频分析技术。

智能监控通过计算机图像视觉分析技术，将场景中的背景和目标进行分离，进而分析并追踪在摄像机场景内出现的目标，实现物体识别、轨迹跟踪、丢失物体识别、车速测量、逆行

告警、行为识别、反常行为捕捉等功能。其中物体识别是其他类型识别的基础，其目的是区分出移动物体的类别（如行人、汽车、自行车等），并且判断它们的行为（如行走、静止等）。

二、什么是行人检测

行人检测是物体识别中的一种，是判断输入图像或视频序列中是否存在行人，并确定行人位置的智能监控技术。这种技术可应用于行人跟踪、车辆辅助驾驶系统、人体行为分析、视频监控等领域。在行人检测的过程中，检测结果会受到环境、光线、衣着、身高、体态、视角等影响。

三、视频分析的识别功能

1. 视频分析的静态识别

视频分析的静态识别，目的是区分图像主体、前景与背景。

视频本质上由一帧帧的图像连续播放而成，而图像是由主体、前景和背景组成的。

物体识别就是区分图像里的主体、前景与背景。主体是视频分析的目标，前景是镜头中位于主体前面或靠近前沿的人或物，背景是远离镜头的事物（参见图 4-3）。

图 4-3　主体、前景、背景示意图

当无人驾驶汽车在路面上行驶时，摄像头实时取得的画面中既有行人、交通信号灯、车辆，也有远处的建筑物、风景等。行人、交通信号灯、车辆就是图像中的前景，远处的建筑物、风景等就是图像中的背景。

2. 视频分析的动态识别

每个人行走过程中的体态会有所不同，但行走会产生共同的属性特征（参见图4-4）。提取人行走的特定行为特征就可以为识别行人提供依据。

图4-4　人行走时的共同属性特征示意图

视频分析时，需要把行人、交通信号灯等作为前景分割出来，然后再判断他的位置、状态、行动轨迹等，以便智能车做出避让、启停等决策。

四、视频分析的数据处理

1. 视频分析需要处理的问题

为保障无人驾驶汽车的行车安全，需要依靠视频分析中的目标检测，通过智能视频监控摄像将行人检测等信息送到控制中心。那么在目标检测中，目标可分为哪些类别？目标如何定位？目标检测是通过什么原理实现的？目标检测有哪些方法并且哪种方法比较简单呢？这种方法在实际应用中又是如何实现的呢？这些都是视频分析处理中需要考虑的问题。

2. 视频分析流程

不同的目标检测算法会有不同的数据处理路径，但总体框架步骤基本类似（参见图4-5）。

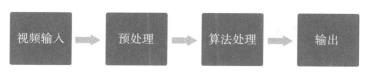

图 4-5　视频分析的流程示意图

（1）输入。

视频分析时，虽然输入的是一段视频，但是视频由图像组成，所以视频分析也可以转换为图像分析来处理。视频分析的本质也就是图像处理。

（2）预处理。

视频预处理主要是为了便于算法处理，提高数据的可用性、可检测性，所进行的简化数据的过程。视频预处理包括滤波、灰度化处理、二值化处理等。

（3）算法处理。

在机器学习的领域中，根据特征来源的不同，可以将其分成人工定义特征和自动学习特征。人工定义特征就是人为定义的特征，自动学习特征是机器学习得出的特征，但是机器并不知道这些特征所具备的含义（参见图 4-6）。

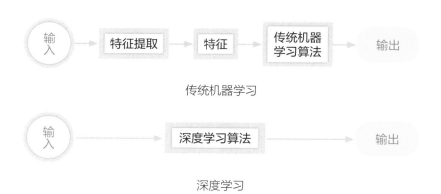

图 4-6　算法处理方式示意图

（4）输出。

通过算法处理之后，图像上会标注出目标。

实践内容： 体验一个行人检测的活动。

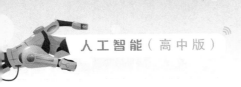
 实践体验

实践准备：在电脑中安装一个视频播放软件。从线上平台下载"视频分析案例 1.MP4"文件。

实践步骤：

1. 启动安装好的视频播放软件。

2. 用播放软件打开"视频分析案例 1.MP4"视频文件。

3. 观察该视频文件对行人及其他物体的检测结果。

4. 结合我们前面已介绍的概念，深入理解视频分析与行人检测。

实践评价：

知识与技能	掌握程度		
	初步掌握	掌握	熟练掌握
视频分析的概念			
行人检测的概念			
视频分析的静态识别			
视频分析的动态识别			
视频分析的问题			
视频分析的输入与输出			
视频分析的流程			
任务评价			

（请在选择处打"√"）

拓展活动：

1. 寻找身边视频分析的应用场景，对视频进行分析。

2. 收集行车视频，讨论视频分析研究方法。

3. 对视频分析方法进行总结，用自己的语言表达视频分析的原理和含义。

任务 2　视频分析的数据结构及预处理

目标与导航

1. 掌握提取视频中行人的方法。

2. 理解视频数据结构、帧、行人特征、HOG 特征等概念。

3. 知道视频预处理的流程以及相关的概念。

4. 学会图像分割的基本方法并会初步应用。

5. 本任务的学习导航参见图 4-7。

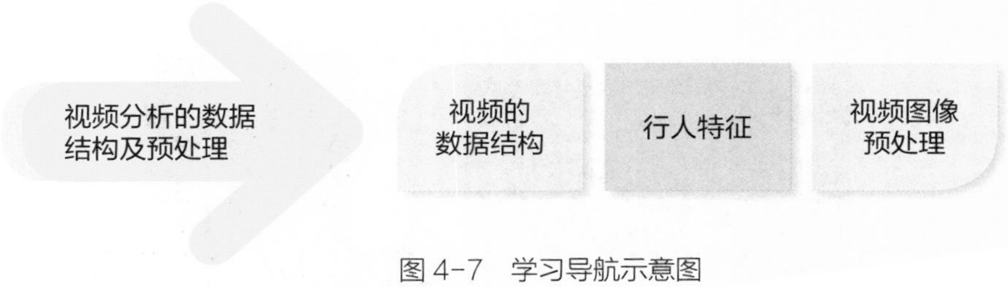

视频分析的数据结构及预处理　▶　视频的数据结构　行人特征　视频图像预处理

图 4-7　学习导航示意图

问题描述

一、什么是行人特征

1. 特征提取

我们获取的一张图片或者一段视频的数据,称为原始数据。原始数据冗杂,无意义的数据较多,因此,需要从原始数据中提取有意义的特征数据,才能够正常使用。

当前,机器学习中有两种提取特征的思路:

特征工程(feature engineering),主要指对于数据的人为处理提取,所获得的特征为人工定义特征。

特征学习(feature learning),也称表示学习(representation learning)或者表征学习,一般指的是机器自动学习有用的数据特征。

2. 行人特征

一般情况下，行人往往是处于一个有车辆、树木、建筑物等事物的复杂环境中。因此，要辨识出行人，就要找到行人区别于其他事物的特征。

把行人当作是当前识别的目标，行人特征即是目标特征。若要通过目标特征的算法获取人的信息，就要人为定义、描述人在图像里的特征。根据不同的分类方法，目标特征可以分为全局特征和局部特征，或者分为静态特征和动态特征。

（1）全局特征和局部特征。

全局特征指的是图像的整体属性，用于描述图像或者目标的颜色、纹理和形状等（参见图4-8）。当图像混叠或有遮挡时，全局特征将无法有效识别。

图4-8　全局特征（颜色强度直方图）

局部特征是从图像局部区域中抽取的特征，包括边缘、角点、线、曲线和特别属性的区域等（参见图4-9）。

图4-9　局部特征（边缘）示意图

（2）静态特征和动态特征。

视频的基本特征也可以分为静态特征和动态特征。静态特征主要包括纹理、形状等特征；动态特征是视频画面所特有的特征，用来说明目标的运动情况。动态特征包括全局运动和局部运动。全局运动包括摄像机的运动或操作（参见图4-10）。

图4-10　全局运动：摄像头从整体到局部的运动

局部运动指镜头内对象的运动，包括运动轨迹、相对速度、对象之间位置的变化信息等（参见图4-11）。

图4-11　局部运动中的运动轨迹

二、视频图像预处理

由于无人驾驶汽车录制的视频画面质量参差不齐，而画面质量的好坏将直接影响识别算法的设计与效果的精度，因此在视频图像分析前，需要对图像进行预处理。图像预处理的主要目的是消除图像中无关的信息，恢复有用的真实信息，增强有关信息的可检测性，最大程度地简化数据，从而改进特征提取、图像分割、匹配和识别的可靠性。

预处理的环节包括滤波降噪、图像灰度化处理、二值化处理等。

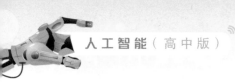
1. 滤波降噪

无人驾驶汽车采集的视频中会存在噪声。不同于声学中的"噪声"，视频噪声常表现为引起较强视觉效果的孤立像素点或像素块。视频噪声一般是无用信息，会扰乱我们寻找目标的过程。视频图像里的常见噪声包括高斯噪声、椒盐噪声、泊松噪声、乘性噪声等（参见图4-12）。

原图　　　　高斯噪声　　　椒盐噪声　　　泊松噪声　　　乘性噪声

图4-12　常见噪声示意图

当前，降低噪声的方式包括均值滤波器、中值滤波器、小波去噪等。根据噪声类型的不同，选择不同的滤波器过滤掉噪声。过滤高斯噪声，可以选择均值滤波器（Mean Filter），但在去掉噪声的同时会造成一定的图像模糊。过滤椒盐噪声，可以选择中值滤波器（Median Filter），在去掉噪声的同时，不会导致图像模糊。

2. 图像灰度化处理与二值化处理

图像灰度化处理与二值化处理的具体方法在项目三的学习中已有专门介绍，这里只作简要说明。

（1）灰度化处理。

摄像头采集视频信息时，一般都是彩色模拟信号。为了提高计算机视频处理能力，彩色图像将被转化成为灰度图像（参见图4-13）。

处理前　　　　　　　　　处理后

图4-13　图像灰度化处理前后对比

（2）二值化处理。

图像的二值化处理指的是预先设置一个阈值，大于该阈值的像素灰度值设为 0，其余的像素灰度值设为 255，以此把图像数据分成两个像素群（参见图 4-14）。

分割前　　　　　　　　　　　　　分割后

图 4-14　二值化分割（阈值 =120）前后对比

当然，有些情况下颜色也包含了很多被检测目标的信息，为了提高检测的准确度，这时我们还是要保留颜色信息而不做灰度化处理。

 实践体验

实践内容：采集视频图像，体验视频图像预处理环节，特别是滤波降噪的处理。

实践准备：

1. 基础系统：

Windows7 或以上计算机操作系统。

Anaconda3（Anaconda 指的是一个开源的 Python 发行版本，其包含了 Conda、Python 等许多个科学包及其依赖项，可以简便地搭建 Python 开发环境）

Python3.5 或以上。

OpenCV3.4.2 或以上。

2. 安装 Anaconda3 和 OpenCV。

3. 从线上平台下载"滤波"压缩文件并解压。

实践步骤：

1. 进入解压好的"滤波"目录（参见图 4-15）。

图 4-15 "滤波"目录界面截图

2. 在此目录下打开 cmd 窗口，并输入：Jupyter Notebook，按回车，启动 Jupyter Notebook。

3. 进入 Jupyter 界面（参见图 4-16），点击"滤波 .ipynb"文档，打开 Python 程序。

图 4-16 Jupyter 界面截图

4. 点击程序运行按钮（参见图 4-17），运行代码，查看效果（参见图 4-18）。

图 4-17 点击程序运行示例

原图　　　　　　　　　中值滤波后

图 4-18 滤波效果示意图

实践评价：

知识与技能	掌握程度		
	初步掌握	掌握	熟练掌握
视频与图像			
全局特征和局部特征			
静态特征和动态特征			
滤波降噪			
灰度化处理与二值化处理			
任务评价			

（请在选择处打"√"）

拓展活动：

　　行人重识别（Person re-identification）也称行人再识别，是利用计算机视觉判断图像或者视频序列中是否存在特定行人的技术，是图像检索的一个子问题。即给定一个行人监控图像，检索跨设备下的该行人图像。由于不同摄像设备之间的差异，并且行人兼具刚性和柔性的特性，外观易受穿着、尺度、遮挡、姿态和视角等影响，使得行人重识别成为计算机视觉领域中一个既具有研究价值又极具挑战性的热门课题。

　　1. 利用行人重识别原理，探讨只靠衣服颜色识别行人的可行性。

　　2. 了解图像处理在微波成像、三维彩色CT技术、工业检测等领域的应用。

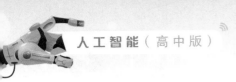

任务 3　基于 HOG+SVM 的行人检测

目标与导航

1. 了解行人检测的算法。

2. 掌握 HOG 的概念与原理。

3. 理解基于 HOG+SVM 的算法。

4. 本任务的学习导航参见图 4-19。

基于 HOG+SVM
的行人检测
→
方向梯度
直方图 HOG

HOG+SVM
行人检测算法

图 4-19　学习导航示意图

问题描述

一、方向梯度直方图

方向梯度直方图（Histogram of Oriented Gradient，简称 "HOG"）特征，是一种在计算机视觉和图像处理中用来进行物体检测的特征描述器。对于一个像素而言，它的梯度存在大小和方向两个属性。一个物体由多个像素组成，统计所有像素的梯度大小和方向，借助方向梯度直方图就可以描述这个物体的特征。

1. 梯度的方向

图 4-20 中 A-1 在二维视角中是一个右半部分为黑色、左半部分为白色的图。在计算机存储中，0—255 可以表示不同灰

度的图像。其中，0 表示黑色，255 表示白色。在三维视角中，可以表示为图中 A-2。此时黑与白的边界上就产生了方向梯度，由低数值指向高数值，表示为黑→白或者 0→1（1 指的是非 0 数值），参见图中 A-3、A-4。在图像中，箭头起点始于边界指向高数值，此处指向为从右到左。

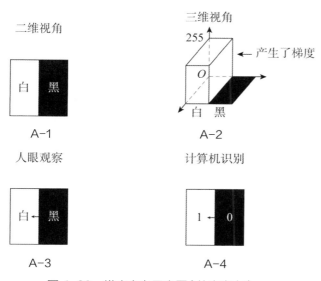

图 4-20　梯度方向示意图（从右向左）

梯度是存在方向的。图 4-21 中的 B-1 的下半部分为黑色，上半部分为白色。通过一系列的处理，此时的方向梯度的箭头指向为从下到上，参见图 B-2、B-3、B-4。

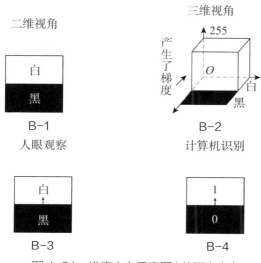

图 4-21　梯度方向示意图（从下向上）

2. 梯度的大小

梯度的大小表示的是各个像素之间的变化情况。例如，在图 4-22 中，黑色到白色的变化为 0 到 255 的变化距离，黑色到灰色块是 0 到 200 的变化距离。此时两个边界的梯度大小当然就有所不同，变化距离越大，梯度越大。

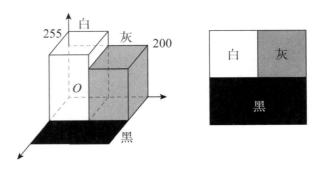

图 4-22　梯度大小示意图

3. 方向梯度直方图

方向梯度直方图可以用来描述不同事物的特征，这是因为不同的事物有不同的方向梯度直方图（参见图 4-23）。对于圆和三角形而言，边界上的方向梯度以及各个方向梯度计数各不相同，在方向梯度直方图中就呈现不同的情况。所以，当一个未知事物的方向梯度直方图更接近圆的方向梯度直方图时，基本可以判断它为圆。

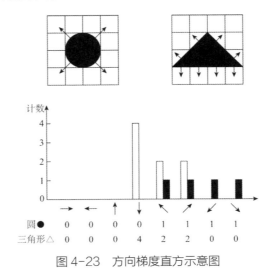

图 4-23　方向梯度直方示意图

二、基于 HOG+SVM 的行人检测的方法

基于 HOG+SVM 的行人检测方法是由一位法国研究人员于 2005 年提出的。迄今为止，HOG 特征结合 SVM 分类器在图像识别方面，特别是在行人检测方面获得了极大的成功。许多行人检测的算法都是以 HOG+SVM 算法为基础发展而来的。

在使用 HOG+SVM 进行行人检测时，采集 HOG 特征的主要思想是：图像里局部目标的表象和形状可以利用梯度或者边缘密度方向分布进行描述。梯度或者边缘密度方向分布可以采集图像各个像素点边缘的方向直方图，根据直方图的信息就可以描述图片的特征，也就是 HOG 特征向量。

在项目三的学习中，我们已经了解了支持向量机 SVM 的基本概念，它被广泛运用于模式识别、分类和回归分析，在行人检测中可以作为区分行人和非行人的分类器。使用采集到的正样本 (行人) 和负样本 (非行人，如汽车、树木、路灯等) 的 HOG 特征，然后使用 SVM 分类器进行训练，就可以得到行人检测模型，进行行人检测。

HOG 特征提取的过程如下：

1. 归一化处理

不同的图像是有大小的，因而其中的特征也有大小，对应不同的方向梯度也有不同量级的计数。归一化处理就是将不同大小的图像变为固定标准形式。例如，虽然图 4-24 表示的都是三角形，但是因为像素不同，它们的方向梯度计数是不同的。不过很明显的是，两者的方向梯度计数呈倍数关系。归一化就需要统一特征块图像的尺寸。

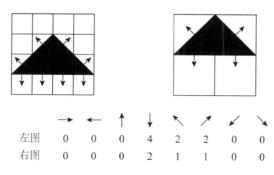

图 4-24　不同环境下的三角形方向梯度示意图

2. 计算图像的梯度

一张图像由很多个像素构成，计算图像的梯度时会先计算 n×n 单元像素（cell）的梯度直方图，再将几个单元组成一个块（block），块里的所有单元的特征串联起来便得到该块的 HOG 特征描述。

同理，将所有的块的 HOG 特征描述整合起来，就得到了这张图片的 HOG 特征描述，也就是最终可供分类使用的特征向量。

由于各个单元像素的梯度有大小，为了进行区别，会有不同的权重。因此，将单元像素整合为块的时候，会考虑梯度的大小而进行调整（参见图 4-25）。

3. 图像的 HOG 特征向量表示

图像的 HOG 特征向量 $f=\{x_1, x_2, \cdots, x_n\}$，$x_n$ 表示各个方向梯度的计数。

4. 训练 SVM 分类器

5. 利用 SVM 训练好的分类器进行检测

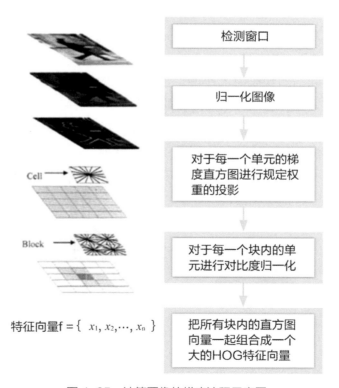

图 4-25　计算图像的梯度流程示意图

实践内容：使用 HOG+SVM 进行行人检测。

实践准备：从资源网站下载"HOG-SVM"压缩文件，并解压。

实践步骤：

1. 获取图像的 HOG 特征向量。

（1）计算图 4-26 中人和树的 HOG 特征，人和树都为黑色，背景为白色，画出方向梯度直方图。为了方便计算，我们将图中的各个格子分别作为一个块。

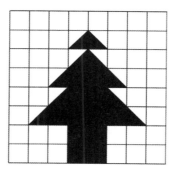

图 4-26　计算图上物体的 HOG 特征

（2）用箭头画出每个块的梯度方向（参见图 4-27）。

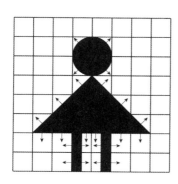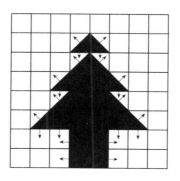

图 4-27　图上梯度方向的标注

（3）在不考虑梯度大小的情况下，计算各个方向的梯度数，并画出方向梯度直方图（参见图4-28）。

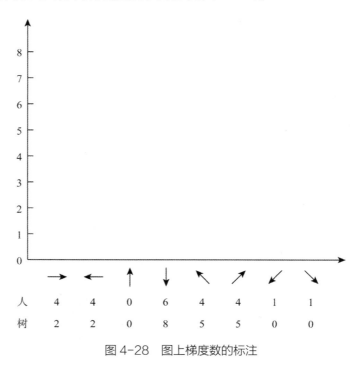

	→	←	↑	↓	↖	↗	↘	↘
人	4	4	0	6	4	4	1	1
树	2	2	0	8	5	5	0	0

图 4-28　图上梯度数的标注

（4）获取图像的 HOG 特征向量表示。

F（人）={4,4,0,6,4,4,1,1}

F（树）={2,2,0,8,5,5,0,0}

2. 通过一个基于 HOG-SVM 的行人检测算法，体验机器学习的模型训练、分类器分类。

（1）进入"HOG-SVM"文件解压后的目录，在目录下打开 cmd 窗口，并输入：Jupyter Notebook，按回车，启动 Jupyter Notebook。

（2）点击 SVM_HOG_Test.ipynb 文档，打开 Python 程序。

（3）点击程序运行按钮，运行代码，查看效果。

实践评价:

知识与技能	掌握程度		
	初步掌握	掌握	熟练掌握
梯度的方向			
梯度的大小			
方向梯度直方图			
HOG+SVM 行人检测算法原理与流程			
HOG+SVM 行人检测算法实践			
任务评价			

（请在选择处打"√"）

拓展活动:

当采用 HOG+SVM 进行行人检测时,会发现检测精度不是很高,对远处的行人很难识别,同时还会出现误判的情况。请通过查阅相关资料,想一想是否还有更好的图像特征可以用于行人检测,同时分类器是否可以改进。

人工智能（高中版）

任务4　复杂场景下基于 YOLO 算法的行人检测

目标与导航

1. 了解复杂场景、深度卷积神经网络算法、YOLO 等基本概念。
2. 掌握特征追踪的基本原理和相关算法。
3. 了解复杂场景下基于 YOLO 算法的行人检测的一般方法。
4. 了解一般机器学习与深度卷积神经网络在识别效果上的不同成因。
5. 本任务的学习导航参见图 4-29。

| 基于 YOLO 算法的行人检测 | → | 复杂场景 | 深度卷积神经网络算法 | YOLO算法实践 |

图 4-29　学习导航示意图

问题描述

一、了解复杂场景下基于 YOLO 算法的行人检测的一些基本概念

　　当无人驾驶汽车行驶时，必然会遇到同样行驶的汽车，或停在路边的汽车、行走的行人、在十字路口等待红绿灯的行人，还可能会有小狗、自行车、摩托车以及道路两旁的绿化带等多种物体。这些就是行车过程中的复杂场景，它直接影响了安全行驶。

　　在更复杂场景中，还可能出现人体被挡住了一部分或者衣着影响身体特征的情况，通过一般的目标特征识别算法难以完

成行人检测。虽然我们人为地定义了行人特征，但是不能涵盖各种复杂场景，传统算法的效率也将大大降低。解决这类问题，目前比较好的方法是使用卷积神经网络算法来处理。

卷积神经网络是一类包含卷积计算且有深度结构的前馈神经网络。卷积是一种数学方法，可用来提取特征。神经网络是一种分类器。

深度卷积神经网络可以理解为有很多中间层（卷积层、池化层）的卷积神经网络（参见图4-30）。

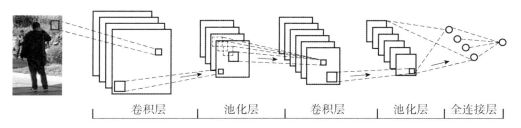

图4-30　深度卷积神经网络结构示意图

在多层卷积神经网络中，浅层网络提取的是纹理、细节特征。深层网络提取的是轮廓、形状等最显著特征。相对而言，层数越深，提取的特征越具有代表性（参见图4-31）。

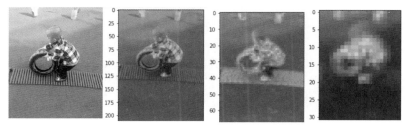

图4-31　深度卷积神经网络学习示意图

二、YOLO 算法的基本思想和检测方法

YOLO 算法，对应一个用于目标检测的网络，特点是只需要进行一次卷积运算。目标检测任务包括确定图像中某些对象的位置，以及对这些对象进行分类。我们可以简单地理解为，取一个图像作为输入，通过一个看起来像普通 CNN 的神经网络，得到一个在输出中包含边界框和类别预测的向量。行人目标的

143

检测不仅仅要实现目标分类，更重要的是得到人体在图片中的具体位置（物体定位）和大小（图像分割）。

YOLO 算法从提出历经 YOLOv1、YOLOv2 和 YOLO9000，目前最新升级版本是 YOLOv3，也是效果最好、应用最广的一个版本。这里主要以 YOLOv3 为例介绍 YOLO 算法思想及步骤。

在 CNN 中广泛采用的池化层能够减小特征图大小，压缩网络模型，保留主要特征，而 YOLOv3 则通过执行 5 次步长为 2 卷积、32 倍降采样的操作，替代了池化层，极大提高了计算速度，这也是该算法能够满足高速视频检测的重要因素。32 倍降采样决定了 YOLOv3 算法输入图片分辨率要求必须为 32 的倍数，我们以 416×416 像素为例加以说明。在最底层，输出特征图尺寸（416/2^5=13）为 13×13 像素。同时 YOLOv3 也执行 16 倍和 8 倍降采样，共输出 3 个不同尺寸（13×13，26×26，52×52）的特征图参与检测，这种多尺度检测使得相对于前面几个版本，YOLOv3 对小目标检测效果更好。26×26 和 52×52 表达的是浅

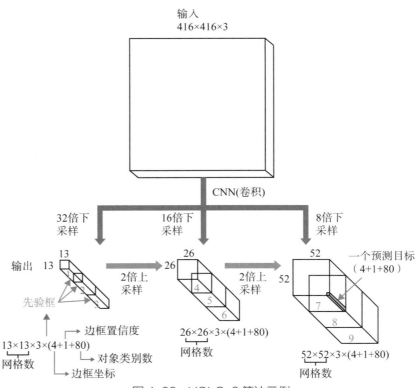

图 4-32　YOLOv3 算法示例

层特征，单独使用不能完全利用深度网络优势，效果欠佳，所以YOLOv3 分别对 13×13 输出层执行 2 倍上采样操作后与 26×26 输出层配合连接，再执行 2 次 2 倍上采样与 52×52 输出层做融合连接输出，这就是 YOLOv3 算法输入输出对应关系（参见图 4–32）。

　　YOLOv3 的算法把模型的输出划分成网格形状，每个网格中的格子都可以输出物体的类别和边框的坐标。将输入图像按照模型的输出网格进行划分，划分之后就有了很多小格子。再看图片中物体的中心落在哪个格子里面，就由其负责预测这个物体。

　　YOLO 算法可以分为两个阶段：

　　1. 训练阶段。在训练阶段，如果物体中心落在这个格子，那么就给这个格子打上这个物体的名称（label），包括坐标 x、坐标 y、宽度 w、高度 h 和类别。通过这种方式来设置训练的名称。换言之，在训练阶段，就要教会格子预测图像中的特定物体。

　　2. 测试阶段。因为你在训练阶段已经教会了格子去预测中心落在该格子中的物体，那么接下来它就会自动进行判断。

 实践体验

　　实践内容： 体验基于 YOLO 算法的行人检测的一般方法。

　　实践准备： 从线上平台下载 "object_detection_yolo" 压缩文件，并解压。

　　实践步骤：

　　1. 进入解压好的 "object_detection_yolo" 目录。

　　在目录下打开 cmd 窗口，并输入：Jupyter Notebook。按回车，启动 Jupyter Notebook。

　　2. 现在已进入 Jupyter 界面。点击 object_detection_yolo.ipynb 文档，打开 Python 程序。

　　3. 点击程序运行按钮，运行代码，查看效果。

实践评价：

知识与技能	掌握程度		
	初步掌握	掌握	熟练掌握
复杂场景			
深度卷积神经网络			
YOLO 算法			
任务评价			

（请在选择处打"√"）

拓展活动：

对比 HOG+SVM 行人检测算法和复杂场景下的 YOLO 算法，尝试自主查找资料并进一步学习深度神经网络及深度卷积神经网络算法的运算。

尝试用 HOG+SVM 行人检测算法和复杂场景下的 YOLO 算法解决一个实际问题。

>> 总结与评价

同样使用 SVM 作为分类器，数字识别和行人检测有什么不同？

使用普通的 CNN 实现 YOLO 算法有什么缺陷，在此基础上能做怎样的改进？

知识与技能	自评与他评		
	自评	同学评	教师评
视频分析与行人检测			
视频分析的数据结构及预处理			
人工定义特征：基于 HOG+SVM 的行人检测			
机器学习特征：复杂场景下基于 YOLO 算法的行人检测			
项目总评			

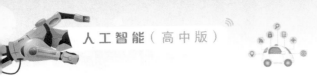

>> **科技前沿**

计算机视觉内涵在不断丰富

随着计算机视觉技术的日渐成熟，其视觉内涵也越来越丰富。以深度卷积神经网络为代表的深度学习视觉模型，实现了从"经验知识驱动的方法论"到"数据驱动的方法论"的转变，视觉内涵也将由"图像识别"逐步向"语义理解"扩展。未来的视觉技术将会更深刻地观察世界发生的各种变化，甚至预测人类接下来会做什么。

所谓"视频语义分析"，是指对视频中所包含的语义成分进行信息提取的过程。"视频语义"是指对文本、音频、图像等视频信息所包含的事物的描述和逻辑表示。显然，从"视频识别"到"视频语义分析"是一个"质"的飞跃，如视频的图像序列所呈现的颜色、纹理或是不同图像帧之间的变化很难映射到人类使用的高层思维，因为视频信息的低层特征和视频所体现的高层语义之间存在着障碍。

那么如何进行视频语义分析呢？这其中包含了行为分类和时序行为检测。从语言学角度出发，行为可能包含动词和名词，即视频语义分析要明确物体行为以及行为对象，比如"跑""跳"，而"吃鱼""拿行李"等行为就相对比较复杂。对于时序来说，因为视频具有时间这个特性，所以还需要判断行为的时间段是否有意义。

目前已经有研究者在研究这一难题，并在无人驾驶、监狱监控、医疗健康等领域尝试应用。以监狱监控为例，主要是根据不同的分管片区，对可能发生险情的区域进行布点，以监控服刑人员的身体状况、人身安全、活动情况以及管理人员的人身安全等情况，如服刑人员目前的行为活动，是睡觉、吃饭还是劳作，或

者有没有打架……通过视频语义理解能够做到正确区分。

视频语义理解的发展之路还很长，需要攻克的技术难题也比较多，同时还需要考虑视频语义理解的应用场景是否合理。

>> 拓展性议题

人体步态识别

当下，人脸识别技术作为一种生物识别技术已经得到了广泛的应用。除此之外，还有许多基于视觉技术的生物特征识别，人体步态识别就是其中的一种。步态，指生物行走的姿态。因为人的身高、体重、肌肉等各有不同，因此决定了步态的特征性、识别性和唯一性。

步态识别包括步态预处理、步态特征提取、步态识别等步骤。目前有许多不同的技术实现，主要可分为提取步态轮廓的静态特征或动态特征。其中动态特征识别具体步骤可分为（参见图 4-33 ）：

1. 行人的原始视频帧作为输入。

2. 通过人体姿态神经网络（HumanPoseNN）对每帧视频中的行人关节进行位置检测。

3. 行人姿势描述符提取。

4. 通过循环神经网络（LSTM 或 GRU），从序列的姿态描述符中提取时间特征。

5. 所有时间特征最终通过平均时间池聚合到一维识别向量中。

6. 使用线性支持向量机对一维识别向量（linear SVM）进行分类。

7. 输出步态识别结果。

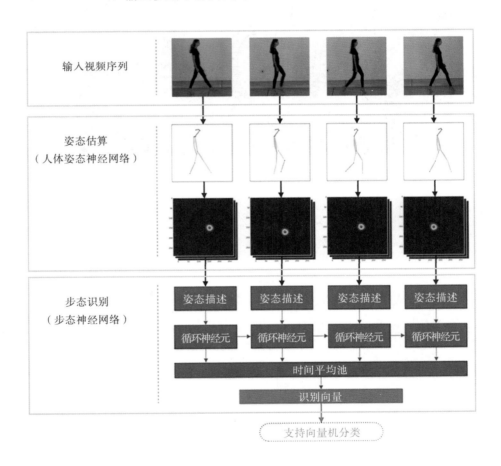

图 4-33　人体步态识别示例

请你拍摄几位同学的走路视频，并利用步态识别算法判断出视频中的同学是谁。

项目五 >>>

寻找停车场的"问答"

提示: 从"无人驾驶"车寻找停车场入手, 解析自然语言处理背后人工智能技术的秘密。本项目通过对交互式语言模型、分词方法、问题理解、知识查询、答案生成等方面的求索, 了解自然语言处理的基本算法和搭建人机问答系统的步骤。

>> 情境导入

周末，小吴夫妇带着祺祺和萱萱去陆家嘴海洋馆看海洋动物。

陆家嘴地区是上海的金融服务区。这里高楼比肩相拥，行人熙熙攘攘，车辆川流不息，想要找到一个停车位是有困难的。小吴指挥大黑在东方明珠电视塔附近停车，让家人先下车，然后对大黑说："查找最近的停车场。"

大黑回应道："查找到 200 米远处有一个停车场 A，但是没有空车位。""查找到 400 米远处有一个停车位 B，有停车位。""查找到 500 米远处有停车场 C，有停车位。"……并很快给出建议："可以去 B 处的停车场。"

"好的，就去那里吧。"小吴答道。

为什么大黑能迅速找到停车场呢？在这个项目学习过程中，我们要学习的是人工智能的自然语言处理技术，看看机器是怎样识文断字实现与人的交互的。

>> 需求分析

让汽车理解主人的问话,自动搜寻停车场的位置,重点不在人机交互的"问答"上,而是人工智能领域中自然语言处理技术的应用上。随着计算机在感知智能的明显进步,人们关注的焦点转向认知智能。本项目通过对交互式语言模型的分析、中文分词方法、知识库查询等问题的求索,了解自然语言处理的基本算法和搭建人机问答系统的步骤,初步感受机器认知智能的魅力。其中,知识图谱技术的应用和发展,是一个值得格外用心关注的研究方向。

>> 项目描述

本项目学习可以参考图 5-1,也可以根据学情自行设计。

本项目分为四个学习任务。

任务 1 交互式语言模型的构建

任务 2 中文词语的切分

任务 3 建立知识库

任务 4 搭建问答模型

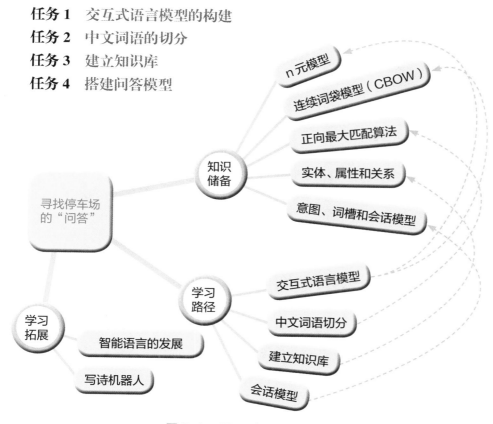

图 5-1 项目五学习路线图

任务 1　交互式语言模型的构建

 **目标与导航**

1. 了解交互对话的基本原理。

2. 了解语言模型的种类。

3. 了解统计语言模型。

4. 了解神经网络模型和连续词袋模型的作用。

5. 本任务的学习导航参见图 5-2。

交互式语言模型 → 自然语言理解的基本概念　统计语言模型　自然语言模型　连续词袋模型

图 5-2　学习导航示意图

 **问题描述**

一、计算机如何理解人类语言

自然语言理解是一门交叉学科，涉及语言学、计算机科学、数学模型、心理学、统计学、信号处理、生物学等。传统的方法是基于句法—语义规则的理性主义方法。随着语料库建设和语料库语言学的崛起，借助大规模真实语料的机器学习自动获取语言知识，成为重要的处理方法，以词汇为中心的词汇主义方法，成为重要的研究趋势。

中文文本从形式上看是由汉字组成的一个字串。自然语言表达的语义存在不确定性，在字、词、句、篇章等各个层次都存在着歧义和多义现象，同一句话在不同语境下可能被理解成不同的意义。例如，用户说"李达三楼开会"，如果不了解"李达三楼"是一座建筑物名称的话，就会造成误解。

目前计算机并不能像人类一样真正理解文本的语义，因此，自然语言理解的目标是研究如何从文本中抽取有用的信息，以此判断对话意图、提取关键词、完成知识库查询并生成回答。例如，"预约明天的会议室"这句话的意图是"会议室预定"，"服务类型＝开会，服务日期＝2019 年 11 月 1 日"。自然语言理解要做的事情就是将自然语言转化成这种结构化的语义表示。

二、构建语言模型

语言模型是自然语言理解和自然语言处理过程中描述语言的数学模型。构建语言模型的目的是对词、句子这些语言元素的分布概率进行估计。

人们对语言的掌握是通过长期的训练而习得的。除了通过词典的释义来掌握每个词的含义之外，通过大量阅读相关例句，也能了解词语的搭配关系和使用场景，加深对词义的理解。一个词的词义往往是由它的上下文来决定的。

像人类通过阅读例句来掌握词义一样，计算机通过对大量的语言材料进行分析，了解一个词常用搭配关系、使用场景（上下文关系），用统计的方法或深度学习的方法来描述词与词之间的关系。计算机用语言模型来描述语言规律，完成信息检索、机器翻译、语音识别等任务。

语言模型可以采用的一种比较简单的方法是"独热"（one-hot）向量，把每个词用一个很长的向量来表示。这个向量的维度是词典大小，向量的分量只有一个 1，其他全为 0，1 的位置对应这个词在词典中的位置。这种表示方法虽然方便计算机处理，但不能很好地刻画词与词之间的关系。目前常采用的语言模型有统计语言模型和神经网络语言模型。

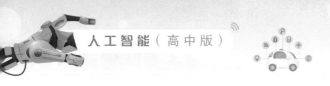

1. 统计语言模型

统计语言模型中常用的是 n 元模型。该模型基于这样一种假设，第 n 个词的出现概率只与它前面 n-1 个词相关。当 n=2 时，称为二元模型，表示一个词只和它的前一个词有关系，而与其他任何词都不相关。

我们可以通过对一份文件语料进行统计来加深对这一模型的理解。为了让数据更简明，我们对数据进行取整的处理，语料库的总词数设定为 40000。表 5-1 是部分词出现的次数。表 5-2 给出的是基于二元模型的统计结果，给出了每个词和它前一个词的共现数据。

表 5-1

we	3000
want	1200
to	3200
drink	900
alcohol	300

表 5-2

二元词组	次数
we want	400
want to	600
to drink	50
drink alcohol	60

"we want" 的情况一共出现了 400 次。因为我们从表 5-1 中知道 "we" 一共出现了 3000 次，所以 P(want|we)=400/3000≈0.133。而 want 后面跟 to 的概率是 600/1200 =0.5，虽然计算机没有学习过英语，但是通过二元模型，计算机知道 "want to" 是常见的搭配，这就是语言模型的作用。利用这个模型，输入法可以给出联想的单词，当我们输入 want 的时候，系统给出的联想单词为 to。

在语音识别或图像文字识别时，如果 we 后面的内容不够清晰，计算机无法断定是 want 或是 went 的时候，我们可以计算句子 "we want to drink alcohol" 和 "we went to drink alcohol " 的概率。

P(we want to drink alcohol) =P(we|<s>) × P(want|we) × P(to|want)
× P(drink|to) × P(alcohol |drink)P(</s>|alcohol)
=0.25 × （400/3000） × （600/1200） × （50/3200） × （60/900） × 0.68=0.00001181

其中 P(we|<s>) 是以 we 开头的句子的比例,P(</s>|alcohol) 是以 alcohol 结尾的句子的比例。再计算 P(we went to drink alcohol)的概率。哪个句子的概率高,计算机就选择那个句子。

2. 神经网络语言模型

神经网络语言模型是利用神经网络在非线性拟合方面的优势,推导出词汇或者文本的分布式表示。基于神经网络的分布表示又称为词向量、词嵌入。神经网络词向量模型与其他分布表示方法一样,均基于分布假说,核心依然是上下文的表示以及上下文与目标词之间的关系的建模。

连续词袋模型(Continuous Bag-Of-Words,简称"CBOW")是常见的神经网络语言模型之一。它通过在语料中设置一个窗口,每次滑动这个窗口,用窗口里中心词周围的词来预测中心词,也就是根据上下文窗口词预测当前中心词,并通过不断的训练,建立词的上下文关系。

例如,原始文档为 = "I want to eat Chinese food",words = ["I", "want", "to", "eat", "Chinese", "food"]。

若窗口大小为 3,则其中一个窗口为 ["eat", "Chinese", "food"],用 ["eat" "food"] 作为输入,["Chinese"] 作为输出结果,对神经网络进行训练,训练得到每个词的向量值。

除了连续词袋模型外,还有跳字模型(Continuous Skip-gram Model)。与连续词袋模型相反,跳字模型是根据中心词来预测上下文单词的概率。

词向量的向量维度比独热向量要小得多,通常 200—400 维的词向量就能有很好的应用效果。我们可以把每个词向量看作是一个多维空间上的一个点,距离较近的点表示词义比较相近(参见图 5-3)。

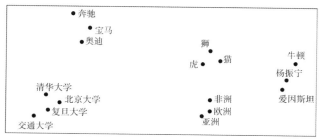

图 5-3 词向量示意图

另外，词向量还支持向量运算。比如机场 – 飞机 + 公交车 = 公交车站，这个表达式的意思是说机场之于飞机就相当于公交车站之于公交车，说明了机场和公交车站的重要关系。在没有额外提供信息的情况下，仅仅是通过分析大量的语义资料，计算机就掌握了词语之间的关系（参见图5-4）。

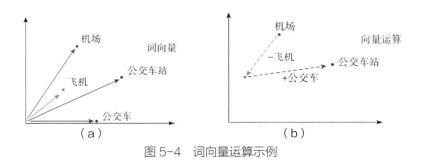

图5-4　词向量运算示例

需要注意的是，词向量不是唯一的，它是对语料库的某种统计结果，也依赖于训练算法和词向量长度等因素。有了这样的词向量模型，计算机甚至了解了同义词或近义词，也就能够对语言进行处理了。

实践体验

实践内容：编写代码，对文本进行单词的二元模型统计。针对统计结果，理解n元模型所代表的含义，讨论二元模型的应用场景。

实践准备：

1. 硬件部分：通用计算机。

2. 软件部分：任意开发语言环境（推荐使用Python）。

3. 手工计算一个短句的一元模型和二元模型，掌握统计方法。

4. 准备一段英文文本，包含1500个单词以上，用于词频和二元模型的统计。

实践步骤：

1. 回顾 n 元模型的原理，设计算法并编程，统计相邻两个单词出现的次数。

2. 将次数转化为频率，生成二元模型。

3. 对上一步生成的频率进行排序，以验证二元模型是不是找到了常用的词语搭配。

4. 在输入法中输入一个词语后，对比二元模型的统计结果，看看输入法给出的联想词语顺序是否与其相一致。

实践评价：

知识与技能	掌握程度		
	初步掌握	掌握	熟练掌握
语言模型的概念			
n 元模型概念			
一元模型、二元模型			
词向量的意义			
任务评价			

（请在选择处打"√"）

拓展活动：

在我们统计 n 元模型的时候，如果一个单词在被统计的文章中没有出现，那么它的概率就是零。从而在计算包含这个单词的句子的概率的时候，这个句子的概率就是零。这当然是不合理的。请同学们先自己考虑解决的办法，然后通过查阅资料，如搜索关键词"统计模型　数据平滑"了解零概率的处理方案。

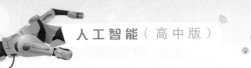

任务 2　中文词语的切分

目标与导航

1. 掌握中文分词的基本概念。

2. 利用工具对语句进行词语切分。

3. 本任务的学习导航参见图 5-5。

中文词语的切分　→　词典分词算法　　在线分词　　Python 编程分词

图 5-5　学习导航示意图

问题描述

　　词是最小的能够独立活动的有意义的语言成分，在语言理解中词是基本元素。和大部分西方语言不同，书面汉语的词语之间没有明显的空格标记，句子是以字串的形式出现的，因此需要对中文语句进行分词处理。分词可以将连续的文字序列按照一定的规范重新划分成词序列。目前，中文分词方法大致可以分为基于词典的分词方法和机器学习分词方法。

一、基于词典分词

　　基于词典分词算法也称字符串匹配分词算法。该算法是按照一定的策略将待匹配的字符串和一个已建立好的词典中的词进行匹配，若找到某个词条，则说明匹配成功。常见的基于词典的分词算法有正向最大匹配法、逆向最大匹配法和双向匹配分词法等。

我们借助一个例子来描述正向最大匹配算法。假设我们要对"研究生命的起源"这个句子进行分词,最大取字个数 m=5,根据正向最大匹配的原则:

1. 先从句子中拿出前 5 个字符"研究生命的",把这 5 个字符到词典中去匹配,发现没有这个词;缩短取字个数,取前 4 个字符"研究生命",词典中还是没有;再取前 3 个字符"研究生",发现词库有这个词,就把该词切下来。

2. 对剩余 4 个字"命的起源"再次进行正向最大匹配,会切成"命""的""起源"。

3. 整个句子切分完成为:研究生、命、的、起源。

这个例子是一个切分失败的例子,真正的切分工具会综合运用多种方法来提高切分的正确率。

二、基于机器学习分词

从形式上看,词是稳定的字的组合,在上下文中,相邻的字同时出现的次数越多,就越有可能构成一个词。因此字与字相邻共现的频率能够较好地反映词的可信度。尝试对语料中相邻共现各个字的组合频度进行统计,计算它们的互现信息。当互现频度高于某一个阈值时,便可认为此字组可能构成了一个词。这种方法只需对语料中的字组频度进行统计,不需要词典。随着深度学习的兴起,也出现了基于神经网络的分词器。例如,有研究人员尝试使用双向 LSTM+CRF 实现分词器,其本质上是序列标注,所以有通用性,命名实体识别等都可以使用该模型。

Jieba 是一种常用的分词工具,提供了不同的切分模式:精确模式试图将句子最精确地切开,适合文本分析;全模式可以把句子中所有可能成词的词语都扫描出来,速度非常快,但是不能解决歧义;搜索引擎模式,在精确模式的基础上,对长词再次切分,适合用于搜索引擎分词。Jieba 还提供了基于 Python 的中文分词组件。

实践体验

实践内容：使用分词工具，把语句切分成词并做词性标注。

实践准备：安装 Python 和 Jieba 分词工具包。

实践步骤：

1. 导入 Jieba 分词包，利用 Jieba 分词包进行分词。

```
import jieba
```

2. 输入待分词的字串。例如，str = ' 最近的停车场在哪里 '。

```
# 全模式
seg_list = jieba.cut(" 最近的停车场在哪里 ", cut_all=True)
print("【全模式】: " + "/ ".join(seg_list))

# 精确模式
seg_list = jieba.cut(" 最近的停车场在哪里 ", cut_all=False)
print("【精确模式】: " + "/ ".join(seg_list))

# 搜索引擎模式
seg_list = jieba.cut_for_search(" 最近的停车场在哪里 ")
print("【搜索引擎模式】: " + "/ ".join(seg_list))
```

3. 输出 Jieba 的三种模式分词结果（参见图 5-6）。

```
【全模式】：最近/ 的/ 停车/ 停车场/ 车场/ 在/ 哪里
【精确模式】：最近/ 的/ 停车场/ 在/ 哪里
【搜索引擎模式】：最近/ 的/ 停车/ 车场/ 停车场/ 在/ 哪里
```

图 5-6　Jieba 分词结果示例

4. 比较三种分词结果有什么不同。

5. 输出每个词的词性（参见图 5-7）。

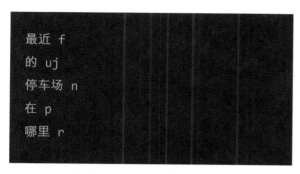

最近 f
的 uj
停车场 n
在 p
哪里 r

图 5-7 Jieba 词性标注示例

实践评价：

知识与技能	掌握程度		
	初步掌握	掌握	熟练掌握
词典分词的原理			
正向最大匹配算法原理			
Jieba 包的使用			
任务评价			

（请在选择处打"√"）

拓展活动：

寻找一些有歧义的语句，看看分词的效果，了解当前分词系统的不足，想想有没有改进的办法。

任务 3　建立知识库

1. 了解知识库的概念。

2. 掌握知识库的查询方法。

3. 本任务的学习导航参见图 5-8。

建立知识库 → 知识库的概念　知识推理　手工构建知识库数据

图 5-8　学习导航示意图

一、知识库的概念

在现实生活中，如果我们有问题需要解答，就会想到去请教知识丰富的专家。想让计算机能够准确回答用户的提问，就必须构建知识库。知识库是知识工程中结构化、易操作、有组织的知识集群，是针对领域问题而采用某种知识表示方式存储、组织、管理和使用的互相联系的知识集合。

知识图谱是知识库的一种，更加侧重关联性知识的构建，是揭示实体之间关系的语义网络，可以对现实世界的事物及其相互关系进行形式化的描述。知识图谱技术创造出一种全新的信息检索模式。

知识图谱可以对现实世界中的实体、概念、属性以及它们之间的关系进行建模。它通常使用三元组的形式来表示，如使用(实体 1, 关系, 实体 2)、(实体, 属性, 属性值)这样的三元组来表达(参见图 5-9)。

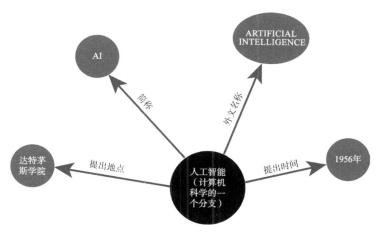

图 5-9 知识图谱示例

实体:指的是独立存在的某种事物,如"老虎""玫瑰花""清华大学"等。实体是知识图谱中最基本的元素,实体间存在不同的关系。

语义类:具有同种特性的实体构成的集合,如学校、书籍、电脑等。

内容:通常作为实体和语义类的名称、描述、解释等,可以由文本、图像、音视频等来表达。

属性(值):属性主要指实体可能具有的特征、参数,如"面积""人口""首都"是国家的属性。属性值指某属性的值,如"960 万平方千米"是属性"面积"的属性值。

关系:关系用来表达实体之间的联系。比如"姚明,出生地,上海"中,"出生地"就是一个关系。

二、知识推理

有了一个海量内容的知识图谱之后,计算机就能够比较准确地回答用户的问题,还能够进行推理。知识推理是指从知识库中已有的实体关系数据出发,经过计算机推理,建立实体间的新关联,从而拓展和丰富知识网络。

知识推理是知识图谱构建的重要手段和关键环节。通过知识推理，能够从现有知识中发现新知识。例如，已知（李渊，父亲，李世民）和（李世民，父亲，李治），可以得到（李治，祖父，李渊）或（李渊，孙子，李治）。知识推理的对象并不局限于实体间的关系，也可以是实体的属性值、本体的概念层次关系等。例如，已知某实体的生日属性，可以通过推理得到该实体的年龄属性。根据本体库中的概念继承关系，也可以进行概念推理。例如，已知（老虎，科，猫科）和（猫科，目，食肉目），可以推出（老虎，目，食肉目）。

本项目学习中，我们构建的停车场知识图谱包括停车场名称和地理位置，地理位置可以是商业区、大学、道路的名称等。有了这些信息，我们就可以对类似"五角场附近的停车场"这样的提问进行查询回答。

实践内容： 在开放的 AI 平台上构建简单的停车场知识图谱。

实践准备： 收集道路、商场、学校附近的停车场信息。

实践步骤：

1. 打开一个线上人工智能平台，完成注册并登录。进入 UNIT 对话机器人定制平台，点击"我的机器人"菜单，登录对话机器人管理界面（参见图 5-10）。

图 5-10　新建"我的机器人"示例

2. 点击新建机器人图标,新建"停车问答"对话机器人(参见图 5-11)。

图 5-11　新建机器人命名示例

3. 点击"我的知识"菜单项,新建"停车场"图谱知识库(参见图 5-12)。

图 5-12　新建知识库示例

4. 点击目录项"知识定义",在类目定义模板文件的"类目表"中,首先定义图谱的类目"位置",它的父类为"事物"(参见图 5-13)。

类目	类描述	父类
位置	城市, 道路, 商场, 影院	事物

图 5-13　类目定义示例

然后在"类目属性表"中定义"位置"这个类目的属性的详细信息。每个位置实体包括"地理位置"和"停车场"两项属性。创建完成后,可获得类目"位置"的定义(参见图 5-14)。

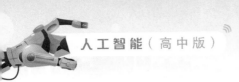

类目	属性	属性说明	属性别名（多个）	属性值类型	单多值
位置	地理位置	城市地理位置	城市位置	文本	单
位置	停车场	停车场名称	停车场信息	文本	多

图 5-14　已创建类目示例

5. 定义图谱实体，第一列是实体名称，第二列和第三列对应"位置"类目里的两个属性定义（参见图 5-15）。

名称	地理位置	停车场
国定路	国定路	365 地下底车场
蔡伦路	蔡伦路	颐和酒店停车场
五角场	五角场	万达地下停车场
同济大学	同济大学	联合广场停车场

图 5-15　图谱实体定义示例

6. 在"我的数据"栏目中，导入文件（参见图 5-16）。

图 5-16　上传数据示例

7. 点击构建图谱（参见图 5-17）。

图 5-17　构建图谱示例

8. 在"我的知识"目录项中，查看所构建的实体（参见图 5-18）。

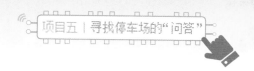

图 5-18　查看实体示例

9.点击其中一个实体，可以浏览该实体的信息（参见图 5-19）。

图 5-19　实体信息示例图

实践评价：

知识与技能	掌握程度		
	初步掌握	掌握	熟练掌握
知识库的作用			
停车场知识库构建			
知识库浏览			
任务评价			

（请在选择处打"√"）

拓展活动：

选择一门自然科学学科，对其中的概念构建知识图谱。

人工智能（高中版）

任务 4　搭建问答模型

目标与导航

1. 掌握会话模型的构建原理。

2. 掌握在实验平台上的会话实践操作。

3. 本任务的学习导航参见图 5-20。

搭建问答模型 → 意图、词槽的概念　建立会话模板

图 5-20　学习导航示意图

问题描述

　　现在我们要在前几个任务的基础上，通过构建对话模板和训练数据，让会话机器人能够回答我们提出的问题。在训练过程中，计算机会利用之前讲到的分词、语言模型、知识库来完成对话处理。

　　计算机在理解对话的过程中，为了了解用户问话的目的，就需要通过对文本的数据分析，抽象出用户语句的语义理解，通过判断对话意图并找到词槽，把问话内容参数化，以便进行处理。

一、问答模型基础知识

1. 意图

意图是指会话机器人能理解用户的需求，识别用户具体想

做什么。例如,用户说"换到中央台",在电视控制场景下的对话意图就是"换台",用户说"北京天气"的对话意图是"查天气"。定义对话技能下的对话意图,还需要设置对话意图关联的词槽以及技能,理解对话意图后给用户的"回应"。

2. 词槽

词槽是满足用户对话意图时的关键信息或限定条件,可以理解为用户需要提供的筛选条件。例如,"换到中央台"中的"中央台"就是一个"电视台词槽",它会在一定程度上影响系统对"换台"这个对话意图的执行。

在订机票的表达中,我们的槽位有"起飞时间""出发城市""到达城市",这三个关键信息需要在对话理解的时候被识别出来。而能够准确识别槽位,就需要用到槽位类型。如果你想精确地识别出"起飞时间""出发城市""到达城市"这三个槽位,就需要有背后对应的槽位类型,分别是"时间"和"城市名称",每个词槽都需要对应一套词典,会话系统结合词槽绑定的词典来识别用户问话中的词槽。

二、建立对话模板

对话模板是按具体语法、句式作出的示范,告诉系统在某一个特定语法、句式中,如何理解对话意图,哪个词是重要信息,对应的词槽、特征词是什么。

例如,"[D:sys_loc][D:sys_time] 天气如何",[D:sys_loc] 是系统定义的地理位置集合,如"上海""河南洛阳",[D:sys_time] 是系统已经定义的时间描述集合,如"2019 年 10 月 5 日""今天"。符合这一模板的问话会被解析为"天气信息"对话意图。如"北京今天天气如何?""天津明天天气如何",系统就得到这一问句的意图为"天气查询",并根据地点和时间去查询天气信息。

在对话过程中,对话系统除了根据意图、词槽理解对话外,还需要有对话管理模块负责对话状态的追踪更新,包括已有多少槽位信息,还缺少什么槽位信息,是否需要补充,后续是否要对已知槽位进行确认等。例如,"请预定明天上海到北京机

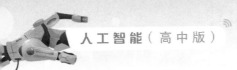
票"，对话管理模块会发现词槽"人数"空缺，于是就会询问用户以得到相应的槽位值。

实践内容： 在人工智能平台上尝试建立会话数据，利用对话样例数据训练对话系统，自动生成对话模型，利用该模型可以进行对话。

实践准备： 选择一个合适的线上平台注册账号。

实践步骤：

1. 进入对话机器人平台，点击"我的机器人"菜单，进入我的机器人管理页面，点击"停车问答"机器人。

2. 在技能管理界面，点击"新建技能"（参见图5-21）。

图5-21　新建技能示例

3. 选择"问答技能"，点击下一步（参见图5-22）。

图5-22　新建"问答技能"示例

4. 在"技能名称"栏输入"停车场查询",并点击创建技能（参见图 5-23 ）。

图 5-23　技能命名示例

5. 停车场查询技能创建成功后，在"我的技能"中能够看到该技能（参见图 5-24 ）。

图 5-24　技能创建成功示例

6. 点击"停车场查询"，进入技能设置界面（参见图 5-25 ）。

图 5-25　技能设置示例

7. 点击"问答管理"中"添加问答对"来增加对话案例（参见图 5-26 ）。

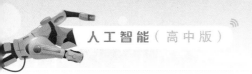

图 5-26　添加问答示例

　　输入标准问题"五角场附近的停车场"，填写相似问题"五角场附近哪里可以停车"，填写答案"万达地下停车场"，点击保存。

　　8. 按照以上方法创建多个问答对（参见图 5-27）。

图 5-27　已创建问答对示例

　　点击"技能训练"，点击"训练并生成新模型"，生成问答模型，并发布到沙盒环境供测试和使用（参见图 5-28）。

图 5-28　技能训练示例

9. 点击"测试",输入"五角场附近怎么停车",可以看到给出的答案——"万达地下停车场"。虽然我们的问题和原来的问句文字内容不同,但系统依然能够给出正确的答案(参见图 5-29)。

图 5-29　问答测试示例

实践评价:

知识与技能	掌握程度		
	初步掌握	掌握	熟练掌握
意图、词槽、会话模板概念			
建立会话模板			
建立会话			
任务评价			

(请在选择处打"√")

拓展活动:

从网上或报刊书籍上寻找自己感兴趣的知识性文字,确定标准答案并同时构建一系列的问答对,通过训练构建一个针对某一类知识的问答系统。

>> **总结与评价**

举例说明身边的自然语言处理案例。

通过体验语音助手或智能客服，对当前的智能对话系统进行评价。

知识与技能	自评与他评		
	自评	同学评	教师评
交互式语言模型			
中文分词			
知识库			
会话模型			
项目总评			

（请在选择处打"√"）

▶▶ 科技前沿

迎接智能语言的春天

艾伦·图灵认为，如果一台计算机的语言表达能力，能够让人相信它就是人类，那么该计算机就被认为是智能的。让机器拥有语言能力，像人类一样理解语言和文本、跟人类交流是人们一直期望人工智能可以达到的目标。

在过去的二十年间，利用机器学习方法，基于大规模的带标注的数据进行端对端的学习，自然语言理解技术（Natural Language Processing，简称"NLP"）取得了长足的进步。深度学习带来了新的发展，使 NLP 在单句翻译、抽取式阅读理解、语法检查等任务上，达到了可比拟人类的水平。有专家认为，未来的十年将会是智能语言发展的春天，NLP 的进步将会推进人工智能的整体发展。

NLP 技术发展值得关注的热点主要表现在以下几个方面：

1. 神经机器翻译

神经机器翻译就是模拟人脑的翻译过程。它的优势体现在三个方面：一是端到端的训练，不需要多个子模型叠加而成，从而避免了错误的传播；二是能够自动学习多维度的翻译知识，避免人工特征的片面性；三是能够充分利用全局上下文信息来完成翻译，不再局限于局部的短语信息。

2. 机器阅读理解

机器阅读理解和语义分析，是受到来自全世界研究者的广泛关注和深入探索的课题。目前，机器阅读理解主要是基于维基百科或知识图谱进行自然语言理解或语义分析。它的目的是从该文本中找到与问题对应的答案短语片段或者将问题转化为机器能够理解和执行的语义表示。机器阅读理解技术可形成一种通用能力，在它的基础上可以构建多方面的应用。

3. 智能机器交互

随着人们对人机交互（如智能问答和多轮对话）要求的不断提高，如何在自然语言理解模块中更好地使用领域知识，已

经成为目前自然语言处理领域中一个重要的研究课题。这是由于人机交互系统通常需要具备相关的领域知识，才能更加准确地完成用户查询理解、对话管理和回复生成等任务。

4. 机器创作

让机器作诗作画的实践，已经说明机器可以从事一些具有创造性的工作。在大数据的基础上，机器通过深度学习可以模拟人类的创造智能，也可以与专家合作，帮助专家产生更好的想法。

NLP 将和其他人工智能技术一起深刻地改变人类的生活。不久的未来，我们的孩子和老人就有了贴心的聊天机器伙伴，很多家庭将会有能够理解主人指令，完成点餐、送花、购物等下单任务的智能管家，一些企业可以定期收到机器完成的分析报表和辅助决策的报告……而这一切的实现，都和 NLP 有关。

➤➤ 拓展性议题

会作诗的机器

"天涯秋晚倍凄凉，客里逢人意转伤。明月满船归棹急，西风吹叶酒旗忙。"这首诗是清华大学人工智能诗歌写作系统"九歌"以"晚秋"为关键词创作的一首诗。"九歌"的大脑里储存了从初唐到晚清的近 30 万首诗篇，可以供它从中学习诗歌创作的文体、韵律、象征手法和遣词造句。借助基于统计机器翻译的算法，智能机器也能吟诗作对。

机器写诗大致可以分为以下几步。

1. 通过具体的主题词来表述一个清晰的主题。例如，写一首想念亲人的诗，可由"思亲"或"亲人"等确切的词汇来表述。

2. 根据主题词联想出更多与其语义相关的词汇。例如，由"亲人"联想到"慈母"和"家书"等。在格律诗创作中，系统会利用深度学习技术中的词向量模型对用户提交的主题进行扩展，得到更多的主题相关词，以满足表达多样性的需求。

西风吹叶酒旗忙。
明月满船归棹急，
客里逢人意转伤。
天涯秋晚倍凄凉

九歌

3. 在格律诗约束下，合理组织这些词汇，反复推敲创作诗句。

4. 在生成第一句之后，系统采用基于短语的统计机器翻译的方法，搜索最优目标语句。基于短语的统计机器翻译技术的优势在于可以做到精确选词。由于诗词讲究对仗，并不涉及远距离语序调整，而且上下句之间的对应关系建立在短语级别上，所以非常适合采用基于短语的机器翻译算法来解决。只需要将格律诗中的上下两句分别看作源语言与目标语言，便可以利用已生成的上句自动生成下一句，循环往复直至完成全诗。

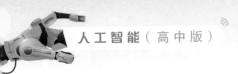

中文格律诗自动生成系统的具体架构设计如图 5-30
所示。

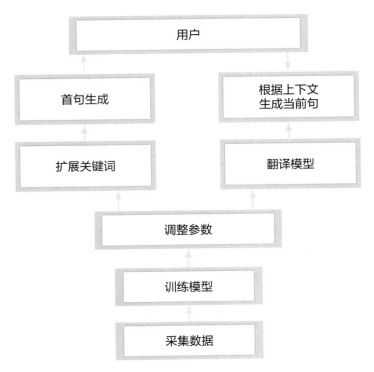

图 5-30　中文格律诗自动生成系统架构示例

诗歌创作被称为人类想象力的高级表现之一。让我
们想一想，智能机器在艺术创作方面不断取得的突破，会
给人类社会带来什么影响呢？

项目六 >>>

当"座驾"有了好奇心

提示:汽车会不会产生好奇心?让机器像人一样具有好奇心、情感理解力、艺术鉴赏力等高级智能,是人工智能发展的一种趋势。本项目通过对计算机好奇驱动等问题的探究,帮助学生形成对未来智能发展的开放态度、探索意识及其伦理道德底线。

人工智能（高中版）

>> **情境导入**

初夏的上海，阳光中时不时夹插着一片片云彩留下的阴影，仿佛一把随人而动的遮阳伞。微风轻拂，让人感觉神清气爽，真是一个户外活动的好日子。小吴一家四口早早作好了外出活动的准备，来到大黑旁边，把衣物、食品、帐篷等物品存放到车尾的后备箱里。

"叮咚"一声，大黑眨了眨它的"双眼"，"开口"说话了："你们打算去哪里呀？"祺祺大声说："我们要到海边游泳去啦！"大黑羡慕地问："我可以和你们一起游泳吗？"小吴回答道："现在不行，你开到水里会熄火的。"

"哦，是这样啊！我只是对游泳有些好奇。"大黑扫兴地叹了口气。

汽车也会有"好奇心"？是的，未来，它还能有其他的能力，如解释能力、理解人类情感的能力、审美能力，甚至善意反抗人类的能力等。那么，机器是如何拥有这些能力的？我们该怎样看待这些能力？让我们以"好奇心"为例，做一次深入探讨吧。

>> 需求分析

汽车会不会产生"好奇心"？如何让机器像人一样具有好奇心、情感理解力、艺术感悟力等高级智能，变得越来越聪明，是人工智能研究发展的一种趋势。本项目通过对计算机"好奇心"问题的探究和剖析，简单学习这些高级智能的基本概念、问题与模型，理解人类智慧与机器智能之间的区别，培养学生探索人工智能前沿技术的基本手段，塑造学生对于人工智能技术发展的开放态度与探索意识，建立人工智能技术发展的道德底线。

>> 项目描述

本项目学习可以参考图 6-1，也可以根据学情自行设计。
本项目分为四个学习任务。

任务 1 机器能否拥有好奇心
任务 2 机器好奇心的探索与测试
任务 3 如何应对智能"情感"的挑战
任务 4 未来机器潜在的力量

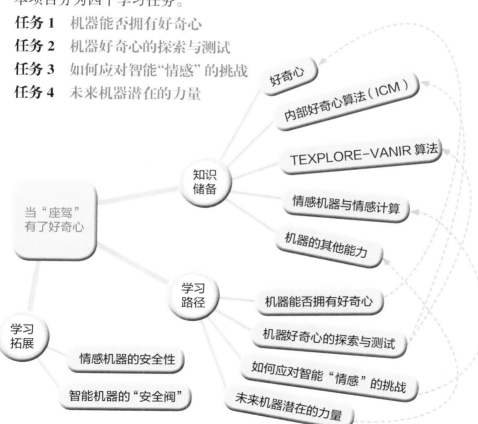

图 6-1 项目六学习路线图

任务 1 　机器能否拥有好奇心

1. 了解机器好奇心的概念。
2. 理解开发机器好奇心是人工智能技术发展的一个方向。
3. 本任务的学习导航参见图6-2。

机器能否拥有好奇心 → 什么是好奇心　机器能拥有好奇心吗　强化学习让好奇心长盛不衰

图6-2　学习导航示意图

一、什么是好奇心

好奇心是动物类具有的一种内在驱动力，这种内在驱动力是动物发展的重要属性。对人类而言，最初可能是受到寻找食物、庇护家庭和维系社会关系等意愿的原始内在驱动而形成了好奇心。但是，随着人类的发展需求，好奇心逐渐发展成为探索环境或者持续学习的自发行为。心理学家对好奇心的表述是：个体遇到新奇事物或处在新的外界条件下所产生的注意、操作、提问的心理倾向；好奇心是个体学习的内在动机之一、个体寻求知识的动力，是创造性人格的重要特征。

好奇心对于人类文明发展的重要性是不言而喻的。我们只要简单梳理一下近些年来人类的重大文明成果,就可以深切感受到它的独特价值。从海洋深处的地质考察,到浩瀚宇宙中探索地外生命,人类的每一项活动中似乎都能找到好奇心的影子。伟大的科学家爱因斯坦曾说过:好奇心是科学工作者产生无穷的毅力和耐心的源泉。换句话说,好奇心本身就是一种回报,驱动我们不断探索环境,努力学习那些让我们可以终身受用的技能。

二、机器能拥有好奇心驱动吗

长期以来,计算机科学家一直希望通过编程让机器拥有好奇心——即通过算法,赋予机器内在驱动力,获得"好奇心"的心理活动,让机器像动物一样具有摸索环境和学习的能力。

美国布朗大学有位计算机科学家说过:"开发好奇心是智能的核心难题。在未来当你不知道机器人该做什么时,这会非常有帮助。"因为,拥有好奇心的机器会自己探索周边的环境从而进行学习。

因为有了好奇心,人工智能可以先对环境、环境中的物体进行初步的了解,然后再开展行动,减少对外部环境反馈的依赖,意味着对已有数据的利用率更高。例如,机械手臂在试图抓起物品时,常常是把抓起物品的所有姿势都尝试一遍,直到用最稳妥的办法把物品抓起来。

国外已有研究人员提出了以好奇心为驱动力的新型人工智能算法,无需外部反馈就可以让人工智能进行学习。而且,他们在《超级马里奥》和《VizDoom》这两款游戏中,对使用了具有这种好奇心驱动算法的人工智能进行了评估,发现通过为人工智能系统提供探索的内在诱因,能够刺激机器的自主学习。

三、强化学习让好奇心长盛不衰

如今的机器学习方法大致可分为两个阵营：

第一种，机器通过浏览大量数据来学习，并计算出可以应用于类似问题的模式。

第二种，机器被投入环境中，利用强化学习方法获得某些成就，从而获得奖励，也就是用奖励刺激的形式促使机器学习。从图 6-3 上我们可以看到其中有这样几个要素：环境（environment）、动作（action）、智能体（agent）、奖励（reward）、解释器（interpreter）、状态（state）。

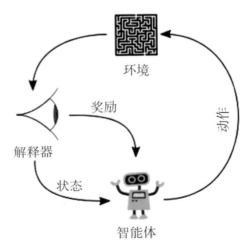

图 6-3　机器的强化学习过程示意图

"智能体"在环境中采取动作，然后动作结果被解释为一种新的状态反馈给智能体。智能体进行学习后，采取新动作，如此往复，不断强化学习的过程。

进一步说，也就是智能体采取动作后，会得到不同反馈。所以，智能体就会根据强化信号和环境状态，选择性地产生下一个动作，而下一个动作的主要目标就是使得获取奖励的概率增大。

简单的一句话总结：强化学习就是根据奖励或者惩罚的反馈来采取相应动作的过程。以围棋为例，强化学习就是根据当前棋局，通过赢棋作为奖励，让人工智能棋手（智能体）寻找最优化的落子动作，不断进行学习的过程。其实，该人工智能棋

手（智能体）也可以通过反复和过去的"自己"下棋，不断获取反馈数据，再以输赢结果作为奖励和惩罚，不断地反复学习，最终形成最优的下棋策略。在这种强化学习的机制中，奖励成了关键因素和学习驱动力。

实践内容： 用强化学习的方法，探索机器能否实现好奇心的驱动。

实践准备： 可以准备一些类似《超级马里奥》游戏的软件。

实践步骤：

1. 说说好奇心对人类文明进步的意义。

请挑选人类的一项发明，说明好奇心对这项发明有什么意义。例如，人类出行的历史可以说是一段精彩的探索历程，由最为原始的步行，到骑着动物去打猎、去战斗，再到后来的自行车、摩托车、汽车，以及火车、飞机、火箭等，在交通工具的更新迭代过程中，人类的好奇心起着重要的作用。

2. 好奇心让人工智能成为更棒的水电工。

人们在玩《超级马里奥》游戏（参见图6-4）时，往往会在控制器上试一试手柄上的每一个按键，看看它是控制什么动作的，然后尝试着去触碰游戏里的每一个小方块，这就是

图6-4　超级马里奥游戏示意图

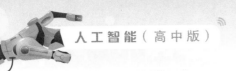

好奇心的自然表现。接下来，人们控制着马里奥去踩乌龟，或者跳涧、过坑等获得积分，当积分满足条件就可以通关了。

怎样让智能体学会玩这个游戏呢？通常情况下，我们可以利用强化学习算法，依靠正负反馈机制帮助智能体快速通关。比如，踩死一只乌龟，获得正反馈；掉入悬崖，就获得负反馈。但是，这种算法造成的问题是，只要能够继续过关，智能体就不会去学习，因此很难学会新的动作。据统计，利用传统的强化学习方法训练，智能体卡在了游戏的 30% 处。这是因为，当智能体越过一个坑时，需要 15 到 20 个特定顺序的按键操作。但是，在坠落进坑里时，已经获得了负反馈，智能体没有学习新动作的驱动力，导致在坑的位置止步不前。

为了解决这个问题，有研究团队提出了一种新的思路：为智能体加入了好奇心。具备好奇心的智能体就不会盲目重复那些有正反馈的动作，而是开始了解游戏环境，把握整体游戏进程，解决之前不能解决的问题。

你觉得可以用什么办法唤醒机器的好奇心？

3. OpenAI 智能体上演捉迷藏攻防大战，自创套路与反套路

经历了围棋、星际争霸、刀塔、扑克、麻将……强化学习似乎正在挑战难度越来越高的人类游戏，但近日 OpenAI 的一份研究报告似乎打破了这种刻板印象，让智能体玩起了捉迷藏游戏。在训练了 3.8 亿轮之后，智能体学会了各种围追堵截和反围追堵截的套路，而且有些套路还是研究者始料未及的操作。

为了进行这个捉迷藏游戏，OpenAI 首先构建了一个包

图 6-5　OpenAI 智能体的捉迷藏游戏

含墙、盒子和斜坡的 3D 环境（参见图 6-5）。在这个环境中，智能体以团队为单位进行捉迷藏游戏。隐藏方（蓝色小人）的任务是躲避搜索方（红色小人）的视线，而搜索方的任务是紧紧追逐隐藏方。

在经过了多轮训练之后，OpenAI 智能体学会了 6 种策略：

（1）奔跑和追逐；

（2）隐藏方学会移动砖块构建堡垒；

（3）搜索方学会移动斜坡以跳进隐藏方的堡垒；

（4）隐藏方学会将所有的斜坡搬进自己的堡垒；

（5）搜索方学会跳到盒子上滑行，跳进隐藏方的堡垒；

（6）隐藏方学会将所有的盒子锁定在适当的位置，以防被搜索方利用。

其中，后两种策略是研究者始料未及的操作。

尽管捉迷藏游戏中的目标相对简单，多个智能体却能通过竞争性的自我博弈进行训练，学会如何使用工具并运用类人技能取得胜利。研究者观察到，智能体在简单的捉迷藏游戏中能够使用越来越复杂的工具。在这种简单环境中以自监督方式学到的复杂策略进一步表明，多智能体协同适应将来有一天可能生成极度复杂和智能的行为。

你认为一旦机器生成了极度复杂和智能的行为，这将给人类带来怎样的影响？

实践评价：

知识与技能	掌握程度		
	初步掌握	掌握	熟练掌握
什么是机器好奇心			
开发机器好奇心的意义			
任务评价			

（请在选择处打"√"）

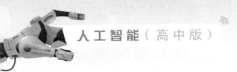

拓展活动：

有人说，没有好奇心的人工智能只是一台机器。通过前面的案例，我们可以发现由好奇心驱动的机器人确实有些特别，具有传统机器人所不具备的功能。请你尝试将两者进行如下对比：

图 6-6　传统机器人与拥有好奇心机器人的区别

我的想法：

相似点：

不同点：

 任务2 机器好奇心的探索与测试

 目标与导航

1. 了解影响好奇心的情感因素。

2. 了解机器好奇心驱动的训练方法。

3. 了解好奇心算法 TEXPLORE-VANIR 的思想,予以体验。

4. 本任务的学习导航参见图 6-7。

机器好奇心的
探索与测试 → 影响好奇心的
情感因素 | 机器好奇心驱
动的训练方法 | TEXPLORE
-VANIR 算法

图 6-7 学习导航示意图

问题描述

一、影响好奇心的情感因素

好奇心是一种内在动机,主要由外界刺激物的新异性所唤醒。好奇心的强度与个体的情感密切相关,人工智能中情感研究的主要目标不是让计算机看起来像是懂得或拥有人类情感,而是让它们真的有自己的情感,即主要以这一机制满足系统自身的需求,而不是满足用户的需求。在这个过程中,系统的"情感"是否和人类的完全一样并不重要,而重要的是其产生、发展、效用等是否和人类情感的相应方面类似。

系统的总体满意程度决定了它的基本情绪状态,也就是"高兴"或"不高兴"的程度。一般说来,系统极少"万事如意"或"处处碰壁",而是处于某个中间状态。即使如此,总体情绪

也有"正、负"之分，取决于"如意"和"不如意"的相对比例（参见图6-8）。

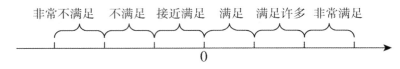

图6-8　机器好奇心满意度的测量

情感因素对机器好奇心的影响主要体现在下列几个方面：

（1）在其他因素相同的条件下，带有强烈情感色彩（不论正面还是负面）的概念和任务会得到更多的注意，也就是给予更多的时间和空间资源。这就是说，如果我们给机器下达了三个同等重要的任务，系统的"情感"就会依照自己对它们的不同"喜好"程度来分配时间。

（2）在目标之间发生冲突时，情感评价会成为选择的重要根据。这可以被作为"两人掉河里先救谁"之类的心灵拷问的合理性基础。

（3）在决策过程中，带有强烈情感的任务更容易触发系统的外部行动，而不必付出深思熟虑所要求的时间代价。"情急之下"的反应尽管往往在事后看来不是最优的，但却很可能是救了命的。

（4）在系统"心情好"的时候，它会给新任务和相对不重要的任务更多的考虑；相反，在"心情差"的时候，它往往聚焦于当下的难题。根据前面的描述，"心情差"说明有重要目标尚未达成，这时自然不该分心再去干别的。

当然，上述设计仅仅触及了情感机制的简单形式，而实际的研发要更为复杂得多。

二、机器好奇心驱动的训练方法

与使用强化学习算法训练学习体不同，机器好奇心驱动的算法不是直接帮助智能体赢取游戏最终的奖励，而是探索游戏的规则和掌握技能，从而更好地了解关卡。新的策略能够缩短学习时间，提高学习效率。

《超级马里奥》游戏的研究团队采取了这样的训练思路：为人工智能学习体加入内部好奇心模型（参见图6-9），即以自监督的方式，预测自身行动会造成何种结果。他们把这种算法称作自监督预测算法。这种算法的作用是：当外部反馈减少时，内部好奇心构型会激励人工智能，通过摸索环境去检验自我对于行动的预测。

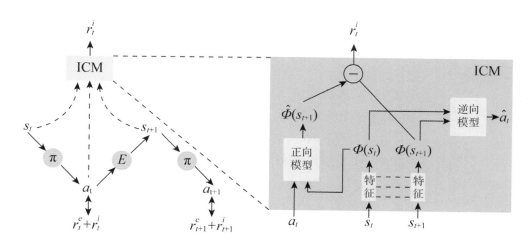

图6-9　智能体的内部好奇心模型

训练过程中主要有以下三种情形：

（1）稀疏的外部奖励，这样好奇心将在达到目标的过程中占据重要位置。

（2）没有外部奖励的探索，在这种情况下好奇心会推动学习体进行更有效的探索。

（3）全新的环境（如设一个游戏的新关卡），在这种情况下，智能体可以依据此前获得的经验更快速上手。

当然，内部好奇心模型并非没有弱点。虽然它能够激发智能体好奇心自发地去探索未知区域，但在某些特定环境下容易"自我放纵"，拖延时间，"放弃"完成设定的任务。

为了解决这种拖延问题，一种基于记忆的"情境好奇心"算法被提了出来。它与内部好奇心模型最大的不同是：它既预测未来，又存储过去记忆。智能体将环境观察结果存储在情境

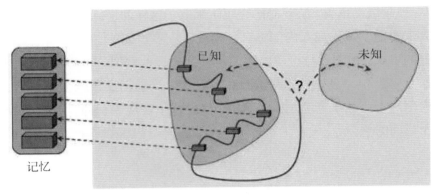

图 6-10 基于记忆的"情境好奇心"模型

记忆中，只有在观察到记忆中尚不存在的结果时才会得到奖励（参见图 6-10）。

在实际运用中，算法并不会对观察结果和记忆场景进行精确匹配，因为同样的画面往往也会因观察角度不同而被判定是新的"意外"。事实上，算法使用了训练后的深度神经网络来衡量两者的相似度，只要两个观测结果在时间上距离很近，就会被视为是智能体同一段体验中的不同部分。

三、好奇心算法 TEXPLORE-VANIR 的思想

在一些科学家看来，好奇心是智能的基本属性之一，为机器赋予好奇心自然也成为一项重要研究目标。在强化学习的基础上，有研究团队开发了一种名为 TEXPLORE-VANIR 的算法。

和自监督预测算法不同的是，TEXPLORE-VANIR 算法为人工智能学习体设立了内部奖励机制：当智能体探索环境时，即使这种行为对达到最终目标没有直接好处，但如果能减少对外部环境的不确定性则可获得正反馈。如果在探索环境中发现了新事物，智能体也会获得正反馈。与自监督预测算法比较而言，TEXPLORE-VANIR 算法与人的好奇心更加相像，它在游戏中的作用也更加明显。

TEXPLORE-VANIR 算法实际上是一种基于内在激励的强化学习算法。该算法使用随机森林模型学习两种独特的内在激励。第一种激励基于实际状态与模型预测的差异，以此驱使智

能体去更多地探索模型的不确定区域。第二种激励是驱使智能体表现出与训练模型经验最不一致的行为。智能体计算过渡状态 s′ 和当前状态 s 之间的误差,然后分解状态特征向量,并通过 n 片随机森林来预测每个状态特征的概率,同时预测奖励系数。每片随机森林都由 m 棵 C4.5 决策树组成,并以概率 w 叠加现有经验。将每棵决策树的预测值取平均值得到随机森林的预测值,最后将每个状态特征的预测相加合并到完整模型中(参见图 6-11、图 6-12)。

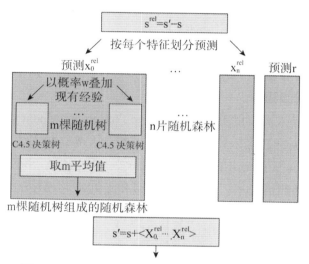

图 6-11　TEXPLORE-VANIR 算法架构示意图

Algorithm 1 MODEL.

```
 1: procedure INIT-MODEL(n)                                    ▷ n是状态变量数
 2:     for i = 1 → n do
 3:         featModel_i ⇒ INIT()                               ▷ 初始化随机森林预测特征
 4:     end for
 5:     for i = 1 → nactions do
 6:         X_i ← ∅                                            ▷ 对动作i初始化状态集
 7:     end for
 8: end procedure

 9: procedure UPDATE-MODEL(list)                               ▷ 使用现有经验更新模型
10:     for all (s, a, s′) ∈ list do
11:         s^rel ← s′ − s                                     ▷ 计算相应差值
12:         for all s_i^rel ∈ s^rel do
13:             featModel_i ⇒ UPDATE((s, a), s_i^rel)          ▷ 训练特征模型
14:         end for
15:         X_a ← X_a ∪ s
16:     end for                                                ▷ 为动作a将状态s加入状态集中
17: end procedure

18: procedure QUERY-MODEL(s, a, v, n)                          ▷ 为s, a得到(s′, r)的预测值
19:     for i = 1 → LENGTH(s) do
20:         s_i^rel ← featModel_i ⇒ QUERY((s, a))              ▷ 得到特征预测样本
21:     end for
22:     s′ ← s + ⟨s_1^rel, ..., s_n^rel⟩                       ▷ 得到下一状态
23:     D(s, a) ← ∑_{i=1}^{n} featModel_i ⇒ VARIANCE((s, a))   ▷ 计算差值
                                                               ▷ 每个随机森林返回预测值
24:
25:     δ(s, a) ← min_{s_x ∈ X_a} ||s − s_x||_1               ▷ 计算模型新颖性
26:     r_var ← vD(s, a)                                       ▷ 计算偏差奖励
27:     r_nov ← nδ(s, a)                                       ▷ 计算新奇奖励
28:     r ← r_var + r_nov
29:     return (s′, r)
30: end procedure                                              ▷ 返回样本下一状态和奖励
```

图 6-12　TEXPLORE-VANIR 算法说明

实验表明，这两种内在奖励的组合使得该算法可以在没有外部奖励的情况下学会一种模型，而且这个模型之后可被用于在该领域中执行任务。在学习模型时，这种智能体可以以不断发展和好奇的方式探索该领域，逐渐学会越来越复杂的技能。此外，实验还表明，将智能体的内在奖励与外部任务奖励结合起来，可以使该智能体学得比仅使用外部奖励更快。

实践内容：机器好奇心驱动算法的应用测试。

实践准备：需要一台装有 Python 和 Jupyter 的电脑。

实践步骤：

1. 导入需要的 Python 包：gym，baselines，opencv_python。

2. 执行 DQN.ipynb 文件，训练模型，观察训练结果。

3. 执行 record.ipynb，查看训练、比较结果。可以发现在密集奖励的情况下，有好奇心模型和无好奇心模型的马里奥在最终覆盖距离上没有明显区别（参见图 6-13）。

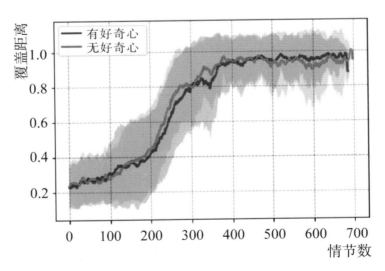

图 6-13　密集奖励有无好奇心模型的比较

而在稀疏奖励的情况，有好奇心模型的表现要远远好于无好奇心模型（参见图 6-14）。

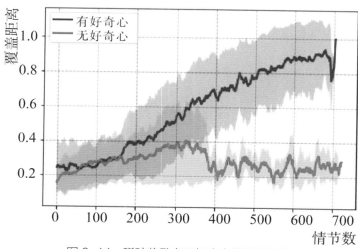

图 6-14　稀疏奖励有无好奇心模型的比较

实践评价：

知识与技能	掌握程度		
	初步掌握	掌握	熟练掌握
影响好奇心的情感因素			
机器好奇心驱动的训练方法			
拥有内在好奇心算法的模型优点			
任务评价			

（请在选择处打"√"）

拓展活动：

当人工智能拥有过度的好奇心后，也同样会表现出如注意力无法集中，常常将手头的工作半途而废的现象。例如，有研究人员在要求拥有好奇心的机器人完成给门开锁的任务时，该机器人表现较差，原因是因为好奇而去探索环境，导致任务完成的延迟。

为此，有学者很形象地称之为人工智能的"多动症"。通俗地说，就是"好奇心害死猫！"请你想一想，如何平衡内部和外部的反馈，让人工智能好奇心更好地发挥作用呢？

任务 3 　 如何应对智能"情感"的挑战

目标与导航

1. 了解什么是智能机器的"情感"。
2. 了解情感机器的跨学科研究构建与情感计算。
3. 了解情感机器的应用前景及其对人类社会的影响。
4. 本任务的学习导航参见图6-15。

如何应对
智能"情感"的挑战　→　什么是智能机器的"情感"　情感机器的跨学科研究构建和计算　情感机器的应用前景和对人类的影响

图6-15　学习导航示意图

问题描述

一、什么是智能机器的"情感"

诺贝尔奖获得者希尔伯特·西蒙（Herbert Simon）在他里程碑式的著作《人工科学》中写道："自然科学是关于自然物体和现象的知识，是否可以有'人工'科学——关于人工物体和现象的知识呢？"人工智能情感机器的研究，就是把智能机器作为一类具有特殊行为模式和生态学的行为者来进行研究。

神经生理学为人类情感建模提供了重要的生物学基础，并且认为情感是社会性的构造。图灵奖获得者人工智能专家马文·明斯基（Marvin Minsky）认为，情感是人类特有的一种思维方式。他在《情感机器》一书中，通过对人类思维方式的建模，剖析了人类思维的本质，为我们提供了一幅创建能理解、会思考、具备人类意识、常识性思考能力，乃至自我观念的情感机器的路线图。他还进一步提出：情感和其他类型的思维没有区别。情感无论是进化的产物，还是由社会化和经验中习得，都扮演着独特探索式的角色，旨在总结、聚焦和区分认知任务的优先级。例如，我们只要想想疼痛对个人安全、幸福感对强化学习的作用，以及动物面对寒冷、危险做出的逃跑或打斗反应，就可以感受到情感的重要作用。

国际上有许多人工智能领域的专家都非常重视对机器情感的研究。如美国斯坦福大学计算机科学系终身教授、人工智能实验室主任李飞飞认为："下一步人工智能的发展，需要加强对情感、情绪的了解，要走进认知学和心理学。我说的不仅是脑科学，还有认知学。因为我们目前对人的情感理解非常少，而这对于人工智能来说是很重要的，也许是未来前进的方向。"

二、情感机器的跨学科研究构建与情感计算

机器情感研究跨越了计算机科学、心理学、认知科学、行为经济学和社会学等许多领域。马文·明斯基将人脑描述为一个极其复杂的系统，认为要高保真地构建人类智能的模型，就不能回避它的复杂性。情感的重要方面在于它的广泛性，可以与认知的不同组成部分相结合。这也意味着许多计算机背景的情感研究人员，必须通过解决专业知识不完善的课题来尝试开发完整的模型。

当情感识别对人和计算机都可用时，情感互动会产生很大的影响，因此开发强健的情感识别器是一项具有挑战性的任务。大多数领先的研究使用面部特征的识别，然而言语交流也是感知情感状态的基础，尤其是当视觉信息被遮挡或不可用时。一些科研团队在双模情感识别器中部署了视听数据或添加更多信息，如手势分析、事件/场景理解和说话人识别，有助于提高识别精度。

不难想象，情感机器的研究必然是多领域间的合作，但整合多个领域的科学实践并不容易。到目前为止，那些创建人工智能系统的科研人员主要关注设计、实现和优化智能系统来执行专门的任务。基准任务（包括跳棋、围棋等棋盘游戏，扑克

等纸牌游戏，计算机游戏等）以及标准化评估数据（如用于对象识别的 ImageNet 数据）取得了显著进展，在语音识别、自然语言翻译和自主运动方面也取得了成功。人工智能构建者将这些基准任务与任务性能的量化指标相结合，设计出了更好、更快和更健壮的算法，其中就包括了情感计算。

所谓情感计算，是指来源于情感或能够对情感施加影响的计算。在 20 世纪末，一部名为《情感计算》的专著中提出了"情感计算就是针对人类的外在表现，能够进行测量和分析并能对情感施加影响的计算"，其思想是使计算机拥有情感，能够像人一样识别和表达情感，从而使人机交互更自然。中国科学院自动化研究所的专家依据自己的研究，给出了情感计算的定义："情感计算的目的是通过赋予计算机识别、理解、表达和适应人的情感的能力来建立和谐人机环境，并使计算机具有更高的、全面的智能。"

从计算的角度来看，识别人类情感的一个直接解决方案是机器学习技术的应用，如文本语义分析、朴素贝叶斯网络、支持向量机、隐马尔可夫模型和类神经网络，为各种情感贴上了标签。

三、情感机器的应用前景及其对人类社会的影响

有人说，人工智能是人类历史上最深刻的革命的发动机，也有人把它称为人类历史上的"第四次革命"。这场革命不仅是塑造了"算法社会"，而且还创造出了人类与机器之间强烈的互动关系。随着人机互动的深入，就必然涉及人性最内在的特征属性——情感。对人类情感认识的过程，使得人工认知领域的专家很自然地考虑到将情感纳入其模型的必要性。

情感机器最初的应用也许是家庭机器人、娱乐机器人（如

机器人动物或木偶）、伴侣机器人（如为儿童或老人设计的机器人）等形式。这些机器人的设计，已经体现了情感设计的特征。心理学研究表明，对于人类，尤其是对老人和儿童来说，机器人可以模仿消失或虚构的对象与人类对话。在这种情况下，人们将情感赋予它们，并发展对它们的情感，这与最初的情感设计也许相差甚远。

在一些特定领域中，对人类情感的分析与研究将起到重要作用，如遥控救援机器人、无人机、自动驾驶汽车、操纵复杂的工业装置等，都需要一种可以完全控制情感的内在装置。有专家提出一种基于有线电视新闻网的系统，用于实时处理来自移动设备的图像流，旨在帮助不能识别情绪的患者用户（如视觉或认知障碍），或者帮助有表达情绪障碍的用户等。还有专家提出了一种用于情感标注和注释的功能数据分析方法，用于评估不同主题和情感刺激下的注释变化，以检测虚假 / 意外的模式和发展策略，从而将这些注释有效地运用到地面实况注释中。此外，情感设计还可以运用到与认知障碍患者互动的机器人身上。根据特定的治疗指南，情感机器人的应用可以对患者的生活质量以及他们的康复产生影响。

情感领域将会是未来机器人设计中的一个关键因素。人机交互、机器人任务规划、能源管理、社交机器人、护理机器人、服务机器人等各个方面，几乎都直接或间接地涉及情感价值的实现。然而，要想真正对机器赋予情感，并没有想象的那么简单，因为这种研究不是固守在一个特定学科或与其密切相关的若干方面，而是一个更为宽泛的并不断拓展的领域，也因此成为人工智能研究中最具挑战性的一个热点。

 实践体验

实践内容：体验情感机器的应用功能，思考机器情感的引入会给人类社会带来哪些影响。

实践准备：收集与情感机器有关的案例。

实践步骤：

1. 阅读下列材料，思考并回答后面的问题（也可以使用自己收集的案例）。

假设你是"食真菌者"机器人的遥控操作员，它被派往一颗名为塔洛斯（Taros）的星球收集铀矿的分布和存量信息。"食真菌者"利用生长在星球表面的野生真菌作为其能量来源。人类对塔洛斯星球上铀矿和真菌的分布模式知之甚少。作为操作员，你可以控制"食真菌者"的每一项活动。机器人所有的感官信息、获取的数据都将被传送到地球，并显示在你的控制台上，让你觉得自己与"食真菌者"是一体的。

"食真菌者"机器人的系统中被引入了一些情感化的机制，如恐惧、焦虑、愤怒等。你认为这些情感化的机制对于"食真菌者"机器人完成任务有帮助吗？为什么？

2. 有专家对情感机器人的变化做了预测（参见表6-1），请你判断这些变化会有哪些可喜的应用前景以及可能带来哪些挑战或危害？

表6-1

情感机器人的可能变化	令人欣喜的机会	潜在的挑战与危害
情感机器人的自主性将得到增强，情感将成为影响机器决策的重要因素		
情感机器人会获得新的能力，如伦理道德的意识、审美鉴赏能力、洞察力等		
情感机器人会发展出自身的情感、态度和价值观		

3. 情感机器人的研究，有一些有待解决的难题。例如，如何评价情感机器人的模型，就是一个尚无定论的标准化问题。有专家建议参照人类的临床数据来评判，观察情感机器人能否对应人类的一些情绪特征。你认为这样的想法可行吗？为什么？

实践评价：

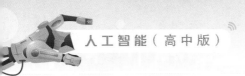

知识与技能	掌握程度		
	初步掌握	掌握	熟练掌握
什么是智能机器的"情感"			
什么是情感计算			
情感机器的应用前景			
如何辩证看待情感机器的实现			
任务评价			

（请在选择处打"√"）

拓展活动：

有人工智能专家团队希望借助情感机器来帮助解决 3 个有关脑科学的社会难题：儿童孤独症、中年忧郁症和老年痴呆症。请你挑选其中一个难题，组建自己的团队，并制定攻克难题的行动方案。

团队目标：

团队成员及背景：

行动方案：

任务 4 　未来机器潜在的力量

目标与导航

1. 了解未来机器的其他能力。
2. 了解未来算法的发展趋势及对人类社会的影响。
3. 了解不远的未来人工智能给我们的社会生活将带来哪些改变。
4. 本任务的学习导航参见图 6-16。

未来机器的潜在力量 ➤ | 未来机器的潜在能力 | 无处不在的算法 | 未来人工智能带来的改变 |

图 6-16　学习导航示意图

问题描述

一、未来机器的潜在能力

未来人工智能的发展,还可能在解释能力、理解人类情感的能力、审美鉴赏能力以及善意反抗人类的能力等方面有新的突破。当这些能力逐步提高的时候,人工智能将更加像"人",为人类提供更多元、更优质的服务。

所谓"解释能力",是指在观察的基础上进行思考,合理说明事物变化的原因、事物之间的联系或者是事物发展的规律。例如,机器如果能理解数据,就可以代替人类去探索数据,挖掘数据中的价值,使科学家们从繁重的数据工作中解放出来。

所谓"理解人类情感的能力",是指机器具有类似人类的高级认知能力,能适应复杂的环境,能对复杂问题作出准确判断。

例如，让司法机器人准确研判案情，或者将社会主义核心价值观、积极向上的"正能量"输送给推荐引擎，使引擎做"头条推荐"时自动选择，为整个社会的和谐发展严格把关。

所谓"审美鉴赏能力"，是指机器具有感受、欣赏和创造美的能力，能够自主识别美与丑，如相机的美颜功能、机器作画和作诗等。

所谓"善意反抗人类的能力"，是指机器在执行任务时，还会"思考"实践的意义，主动提出"警告"，如老人陪护机器人在为老人服务中，发现老人可能会陷入危险，给予善意的提醒或者反抗等。

毫无疑问，随着人工智能技术的进步，未来机器的各种能力会不断增强。加强人机协作，寻找有效的开发方法，设计可靠、安全和值得信赖的人工智能系统是科学家正在研究的重要课题之一。

二、算法的无处不在及其影响

人工智能正在越来越深入地渗透我们的生活，层出不穷的各种算法通过智能机器、智能设备和智能系统已经参与人类的各种活动。例如，新闻排名算法和社交媒体机器人影响着公民看到的信息，信用评分算法左右着银行贷款的决策，拼车算法改变了传统出租车的调度和行驶模式，判决程序算法影响到了刑罚系统中的服刑时间……毫无疑问，算法的介入在许多方面给人类带来了效率和福利，实现了算法创造者的美好愿景。

但是，算法的无处不在，加上它们越来越复杂，有时也会对个人和社会带来一些负面效应，以有意和无意的方式塑造人类行为和社会形态。例如，一些算法被设计用于帮助儿童的学习，而另一些被设计用于帮助老年人。然而，在智能系统的积极推动下，人类"被消费"的风险也随之而来——儿童的父母可能受影响购买了某些不一定需要的品牌产品，老年人则可能被固定在某些并不是自己喜欢看的电视节目上。

算法的复杂性和不透明性以及人工智能系统的多样性，加上它们的无处不在，对研究人工智能机器的行为构成了一个巨大的挑战。目前，个体人工智能系统的复杂性很高，并且正在迅速增加，虽然用于指定模型的架构和训练的代码可能很简单，但是结果却非常复杂，经常会导致"黑盒"。它们被给予输入并产生输出，但是产生这些输出的确切功能过程，有时即使是那些算法的创造者也很难解释。与此同时，当系统从数据中学习时，它们的故障与数据的缺陷及数据的收集方式有关，这导致一些专家主张为数据集和模型采用合适的报告机制。此外，数据的维度和大小给理解机器行为增加了另一层复杂性。当环境发生变化时，也许是算法本身的结果，预测和分析行为将变得更加困难。

尽管近年来我国人工智能技术发展很快，应用性研究中的语音和人脸识别已跻身国际第一梯队，但在发展过程中也暴露出一些短板，在基础理论、核心算法和伦理、法律研究等领域与国际水平仍有较大差距，在关键设备上原始创新仍显不足。我们要正视这些短板与差距，加大对核心算法等关键基础研究的投入，重视高端人才在人工智能领域，特别是算法领域的聚集。只有这样，我们才能真正拥有人工智能的掌控权。

三、未来 AI 带来的触手可及的改变

未来已来，中国华为技术公司在 2019 年发布的全球产业展望报告中指出：智能世界正在加速而来，触手可及。到 2025 年，智能技术将渗透到每个人、每个家庭和每个组织。全球 58% 的人口将享有 5G 网络，14% 的家庭拥有"机器人管家"，97% 的大企业采用人工智能。

根据华为对交通、零售、金融、制造和航空等 17 个重点行业的案例研究及结合定量数据的分析，我们可以看到，不远的未来人工智能将带给人类社会的巨大变化（参见表 6-2）。

表 6-2

趋势一　是机器，更是家人

形态丰富的机器人，如管家机器人、护理机器人等，涌现在家政、教育、健康服务业，带给人类新的生活方式

趋势二　全新的超级视野

AR/VR、机器学习等新技术的应用，将帮助人类突破空间、表象、时间的局限，获得全新的超级视野

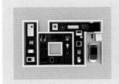

趋势三　不用开口的零搜索

未来，不需要通过点击按钮来表达你的需求，桌椅、家电、汽车将主动为人类服务

趋势四　懂"我"的道路

智能交通系统将把行人、驾驶员、车辆和道路连接到统一的动态网络中

趋势五　这些事，让机器做

让机器从事处理高危险、高重复性和高精度的工作，提高社会生产力和安全性

趋势六　人机协同创作

机器学会艺术创作，人类的作品也因机器辅助变得更为丰富

趋势七　更顺畅的沟通

跨语种的沟通变得更便捷，信息传播更有效

趋势八　共享共生新模式

在开放合作中，共享全球生态资源，共创高价值的智能商业模式

实践体验

实践内容:体验智能机器多种能力的潜在应用及其影响。

实践准备:收集与智能机器多种能力有关的案例。

实践步骤:

1. 如果将来能够运用卓越的算法来更好地识别需要探索的领域,那么机器将像孩子一样成为学习的智能体,替代人类承担更多的工作。尝试"头脑风暴法",大胆预测智能机器的功能应用(参见图 6-17)。

图像识别:天文学家、艺术家……

路径规划:职业规划师、癌症治疗师、家政服务师……

智能语音:刑侦破案专家、动物语言学家……

自然语言处理:经典解读师、翻译家……

视频解读:地球科学家、深海探测家、人脑意识专家……

图 6-17 智能机器的广泛应用

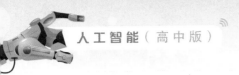

人工智能（高中版）

2. 结合前面的预测，思考智能机器的这些能力会在哪些方面影响我们的社会生活。

> 就业方面：如机器可以从事的职业越来越多……
>
> 安全方面：如把控智能机器安全性的难度在增加……
>
> 伦理方面：如智能机器造成的意外事故责任……

实践评价：

知识与技能	掌握程度		
	初步掌握	掌握	熟练掌握
未来机器还能开发哪些能力			
算法的无所不在及其影响			
人工智能带来的改变			
任务评价			

（请在选择处打"√"）

拓展活动：

幽默，是一种能激发起人类心理某种情感的智慧，它比人类的一般情感更加复杂。幽默常常给人带来欢乐，其特点主要表现为机智、自嘲、调侃、风趣等。机器能够理解幽默吗？如何让机器理解幽默？有兴趣的话，请你想想可以从哪些角度考虑构建这种算法。

210

>> 总结与评价

机器具备好奇心之后，会对人们的生活和工作带来怎样的便利？同时又会带来怎样的困扰？

挑选一种你感兴趣的情感，初步探讨让机器具备这种情感的原理，并与同学一起探讨这种情感机器可能会带来哪些变化。

知识与技能	自评与他评		
	自评	同学评	教师评
机器好奇心的概念			
机器好奇心模型构建			
应对智能"情感"的挑战			
未来机器潜在的力量			
项目总评			

（请在选择处打"√"）

人工智能（高中版）

>> **科技前沿**

情感机器的安全性

有这样一个故事：在去买咖啡的路上，一个机器人看到一男一女在相互拉扯，男子抢走了女子的手提包，女人面露憎恶的表情。机器人冲上前去，把男人一把推倒在地并拨打了110报警电话。警察赶到后，哭笑不得的是他们其实是一对夫妻，争夺手提包是为了决定由谁来开车。显然，"见义勇为"的智能机器判断失误了。

当然，这个故事绝不能说明机器拥有情感的"对"与"错"，而只是证明了对机器赋予"情感"能力的复杂性。如果希望智能机器在未来千变万化的情况下能按人类的期望来行动，让系统可以辨别喜恶和区分轻重缓急就非常有必要了。人类社会的情感问题和场景是千变万化的，在多因素的相互作用下，智能系统难免会闹出一些"乌龙"，造成负面后果。但在很多情况下没有情感反而会更糟，一个从心里爱人类的智能机器远比一个仅仅牢记各种道德戒律的要安全得多，尽管要实现这个目标还有很长的路要走。

机器的"情感"与人类是不一样的，它不可能有多巴胺、肾上腺素等的刺激，也不会"喜上眉梢"或"怒发冲冠"。但我们可以想象，未来的机器狗因为你时常踹它，它就躲着你；你的家政机器人也许痴迷于广告的音乐，躺在沙发上观看电视而不去干活。那么，有情感的机器是否会"仇恨"人类、伤害人类呢？这确实是一个有待深入探讨的重要话题。

对机器情感的研究将加深我们对情感在人类思维中的作用的认识。如果情感成分在决策过程中起的作用太大或太小，机器都会表现出某种"病态"，或许这将有助于科学家解开人类精神疾病的谜团呢！

212

>> 拓展性议题

智能机器的"安全阀"

很多年以前，有科学家提出警告："在某些方面，我们失去了控制权。当程序进入代码，代码进入算法，然后算法开始创建新算法时，它会越来越不受人类控制，软件也就进入了一个没人能理解的代码世界。"毫无疑问，随着机器学习能力的增强，未来的智能机器终将获得自主行为的能力。

任何技术创新最大的应用前提是安全，最大的危险是人类对其失去控制。人工智能技术的快速发展在造福人类的同时，确实存在潜在风险。我们需要高度谨慎并不断努力，未雨绸缪地采取措施，最大限度地降低此类风险。

1942 年，美国科幻作家艾萨克·阿西莫夫（Isaac Asimov）在他的科幻作品《我，机器人》中提出的"机器人三大定律"，或许可以给我们一些借鉴和启发。

机器人三大定律

第一条：机器人不得危害人类。此外，不可因为
　　　　疏忽危险的存在而使人类受害。

第二条：机器人必须服从人类的命令，但命令违反第一条内容时，则
　　　　不在此限。

第三条：在不违反第一条和第二条的情况下，机器人必须保护自己。

人工智能领域的科学家十分认同这份准则，认为对研发人工智能系统和产品具有指导意义。说到底，人工智能对世界的影响，取决于人们在利用这项技术时做出的种种选择。未来，人类与智能机器的关系一定会越来越密切，让我们来畅想一下：怎样为智能机器装上"安全阀"？

说　明

　　为学生提供多样化、个性化课程，建立起以学生发展为本的现代课程体系是上海基础教育课程改革的一大工程。根据国家在中小学设置"人工智能"课程的宏观决策，我们依据国务院发布的《新一代人工智能发展规划》等文件精神，立足上海一些中小学前期对"人工智能"课程和教学的探索和成功经验，编制了这套线上线下互动的新课程，供高中一、二年级学生学习人工智能实验用，也可以供中职学生或高职学生学习相关专业时使用。

　　欢迎广大师生来电来函指出本书的差错和不足，提出宝贵意见。

　　上海教育出版社联系电话：021—64318704。